蔡賢隆
金躍軍 著
高洪敏

職場神隊友

與其等貴人，不如自己當貴人

不要再默默等著貴人來拯救你了！
本書教你學會做自己的職場神隊友！

▶你是否在職場上四處碰壁？

▶你是否和同事無法好好相處？

▶你是否空有一身技能與智慧，卻得不到重用？

▶你是否徬徨多年、轉換無數跑道仍找不到真正心儀的工作？

恭喜你，你找到了你最需要閱讀的一本書！

職場神隊友
與其等貴人，不如自己當貴人

目 錄

作者簡介

前言

第一章 找到最適合你的職業

找到你的職業興趣   13

   「修出來的大師」   13

   半途轉行的瓊安娜   14

你的優勢在哪裡   15

   「高級保姆」的「領頭羊」 16

不要被跳槽所束縛   20

   尋找更好的乳酪   21

方向錯了，要掉頭   24

   從窗子爬進去   24

   你是不是走錯了地方   25

走出職場「滑鐵盧」   28

   遭遇職場「滑鐵盧」   29

你為什麼總找不到滿意的工作   32

   總在找工作的王強   32

全身心地熱愛工作   36

職場神隊友
與其等貴人，不如自己當貴人

　　　熱愛的力量　　　　　　　　　　　　　　37

　　　一切靠自己　　　　　　　　　　　　　　38

　　你難道非要在一條路上跑到底嗎　　　　　40

　　　華爾街的女人　　　　　　　　　　　　41

第二章　亮出你的優勢來

　　你到底了解自己有多少　　　　　　　　　47

　　　「壞小子」當經理　　　　　　　　　　47

　　　轉行後的痛苦　　　　　　　　　　　　48

　　你要改變現狀，儘管你現在很安逸　　　　50

　　　高級藍領的經歷　　　　　　　　　　　51

　　你必須不斷充電，才有改變現狀的可能　　56

　　　不斷充電的李娜　　　　　　　　　　　56

　　　不凋謝的花　　　　　　　　　　　　　57

　　不以己之短比人之所長　　　　　　　　　60

　　　林芳的苦惱　　　　　　　　　　　　　60

　　好酒也怕巷子深　　　　　　　　　　　　62

　　　別樣的面試　　　　　　　　　　　　　63

　　　善於競爭者贏　　　　　　　　　　　　64

　　工作沒有完美，但你必須要有追求完美的意願　66

　　　遭遇「悶棍」後的思考　　　　　　　　67

第三章 再多一點激情

要對你的工作傾注更多的熱情　　　　　　73
　　　與老闆打交道的大學生　　　　　　73

溝通能夠拓寬你發揮的領域　　　　　　　77
　　　老闆的愚兵之計　　　　　　　　　78
　　　一語驚醒夢中人　　　　　　　　　79

多付出一點就意味著有責任感　　　　　　82
　　　努力工作之後　　　　　　　　　　83
　　　反其道而行　　　　　　　　　　　84

擁有一份工作，就要懂得感恩　　　　　　86
　　　「我很快樂」　　　　　　　　　　87
　　　學會感恩惜福　　　　　　　　　　88

團隊合作能夠增加更多的激情　　　　　　90
　　　小男孩的演講　　　　　　　　　　91

忠誠是你成功的基石　　　　　　　　　　96
　　　忠誠的馬芬　　　　　　　　　　　96
　　　把信送給加西亞　　　　　　　　　97

第四章 受挫蘊含著轉機

成功本身就是一種心態　　　　　　　　　101
　　　第一次打工　　　　　　　　　　　101
先前的失敗是日後發展的熱身　　　　　　104

職場神隊友
與其等貴人，不如自己當貴人

　　熱身之後才是真正的賽跑　　　　　　　　105

　學會展示自己　　　　　　　　　　　　　109
　　被流放後　　　　　　　　　　　　　　110

　臨時受命是挑戰，更是機會　　　　　　　113
　　借花獻佛　　　　　　　　　　　　　　114
　　向和尚推銷梳子　　　　　　　　　　　115

　在危機中尋找轉機　　　　　　　　　　　117
　　為生命化妝的女孩　　　　　　　　　　118

　生命的價值是為了精彩，而不是為了煩惱　122
　　調酒師的風采　　　　　　　　　　　　123

第五章　絕對不要安於現狀
　你應該學會從百分之二十七到百分之三　　129
　　「免費午餐」贏得大目標　　　　　　　129
　　丁磊進入網路的第一大舉措就是免費。　130

　不去挑戰，你的理想只是一片影子　　　　134
　　流水線上的故事　　　　　　　　　　　134
　　怎樣擁有自信呢？　　　　　　　　　　137

　學會收集資訊　　　　　　　　　　　　　137
　　任新的調查報告　　　　　　　　　　　138
　　不甘寂寞的楊秀文　　　　　　　　　　139

　爬更高的目標，你要用勤奮做梯子　　　　142

勤奮創造出的 MBA　　　　　　　　143

以今日之最佳表現凌駕於成績之上　　149

　超越自己的「戰地女神」　　　　　150

危機觸發最佳表現　　　　　　　　　154

　柳傳志的成功祕訣　　　　　　　　155

　永不疲倦的「雄鷹」　　　　　　　156

永不滿足　　　　　　　　　　　　　159

　擁有兩個「孩子」的「父親」　　　159

第六章 現在還來得及改變

利用好你的時間　　　　　　　　　　165

　吳珍和徐婭的故事　　　　　　　　165

不要輕視自己的工作　　　　　　　　171

　七百萬元的創舉　　　　　　　　　172

壞情緒阻礙你發展的腳步　　　　　　175

　走出陰影的韓強　　　　　　　　　176

毅力，讓你堅持去改變的態度　　　　179

　勇於改變的曹珍　　　　　　　　　179

用創造性思維連接你的人生　　　　　183

　大學生當老闆　　　　　　　　　　184

插上想像力的翅膀　　　　　　　　　188

　價格不菲的靈感　　　　　　　　　189

職場神隊友
與其等貴人，不如自己當貴人

作者簡介

金躍軍

1977 年生人，2003 年畢業於遼寧大學漢語言文學專業。

喜愛文字，從中學時代就開始寫作和發表文章，此後變成了自己的一個愛好，現立志以文化人的使命，期望能以自己的不懈努力為廣大讀者提供更多更好的優秀作品。

代表作品有《聖經的大智慧》、《讀禪學做人》、《讀禪悟管理》、《狼行天下》、《電影療傷》、《做自己的心理按摩師》等。部分圖書榮登中國暢銷書排行榜，並輸出到台灣和韓國等地區。

高洪敏，原名高紅敏，家教和生活類圖書策劃人，現主要致力於從事家教和生活類圖書策劃和編寫。潛心研究家教多年，現如今與大家一起分享育兒心得，讓更多的父母做睿智的家長、聰明的家長。著有《打開人生三重門》、《病由家生》、《獅子不和老鼠比賽》等作品。

職場神隊友
與其等貴人，不如自己當貴人

前言

　　每個人都有自己的優勢和劣勢。無論多麼偉大的人物都有劣勢，反之，無論多麼渺小的人物也都有自己的優勢。唯有如此，方始為人。

　　你的優勢就是你的與眾不同之處，這種優勢可以是一種手藝、一門學問、一種特殊的能力或者只是直覺。你可以是廚師、木匠、修理工等等，也可以是機械工程師、律師、廣告設計人員、作家、領導者等等。你要想獲得成功，就不可能什麼都不是。可見，你只有精於發現、發揮和利用好自身的優勢，才會有望獲得成功。因為每個人最大的成長空間在於其最強的優勢領域。

　　為了便於發現、發揮和利用自己的優勢，你必須清楚你的優勢是什麼？你需在自己身上找出長處和優勢，只有找出優勢，才有可能發揮和利用優勢。

　　那麼，優勢是什麼？簡單地說，優勢就是你最擅長的部分。你要依靠個人的自覺行為去發現它並將它發揮出來，而優勢發揮的目的全在於要有價值實現，這也就是利用優勢的動因。只有優勢轉化成了價值，發現、發揮和利用優勢才能完成使命。

　　一個人不善於發現自己的優勢，要想在競爭激烈的職場中站住腳，恐怕是天方夜譚。換句話說，要想讓自己成為別人無法替代的人物，你應當善於發現自己的優勢，而且還要在這一個領域裡壓倒周圍的人，只有這樣，你才能脫穎而出。

　　本書緊緊圍繞年輕人所經之路的關鍵之處，深入淺出闡述了發現

職場神隊友
與其等貴人，不如自己當貴人

優勢的各個連結點，並配以精美的職場故事，外加線上點評，最後透過專家的提醒，告訴每個青年人應該如何走好自己的職場之路。

透過閱讀本書，你會從各連結點中領悟到於你更有利的道理和內涵，讓你在職場生涯中，學會如何發現並發揮好自己的優勢，在同齡人中迅速起步，嶄露頭角。

「天生我材必有用」，每個年輕人都應有此雄心壯志，用自己的優勢來為自己的職場生涯增添光彩。

第一章 找到最適合你的職業

找到你的職業興趣

⚊ 主題連結：職業興趣

一個年輕人選擇什麼樣的職業，是決定他是否成功的關鍵因素。而選擇什麼樣的職業是和他的職業興趣相關聯的，不感興趣的事情會越做越乏味，毫無激情可言。

所謂的職業興趣是指一個人想從事某種職業的願望，即一個人力求從事某種職業的心理傾向或者爭取得到某種職業的意向。對於某些人來說，他的職業興趣對他選擇升學志願和未來的職業都有很重要的作用。

職業興趣的建立與培養，是一個人從事某種職業，並且在工作中取得一定成就的基礎和前提。如果這種興趣和其優勢相匹配，那麼你的各方面能力都能夠得到增強與發展，也能支援自己在困境中堅持下來，使工作變得更加有意義。

職場故事

「修出來的大師」

● ●

有一個年輕人叫陳勝，他從小就對服裝特別感興趣。長大以後，他到姑姑開的一家服裝加工廠學習修衣技術。工作期間，他努力學習，認真領會。三個月後，陳勝就能獨立完成中低檔名牌服裝的修

改，這完全在於他對此項工作有著強烈的興趣。

這時，他的姑姑想留住他在公司裡擔任主管，但是陳勝還是婉言謝絕了。幾年後，學了一門手藝的陳勝回到自己老家，他開了一家名為「陳勝服裝專業修改行」的店鋪，專門為顧客修改衣服。由於在家鄉獨此一家，加上他的手藝好，服務熱情周到，很快就門庭若市。

隨著名氣越來越大，他的修改行成了很多名牌服飾專賣店的定點修改行，陳勝也因此確立了「修改大師」的地位，並成為一個獨特的品牌。

就這樣，一門不起眼的修衣手藝，竟修出個「大師」來。

半途轉行的瓊安娜

瓊安娜自小就喜愛文學，並閱讀了大量的文學著作。大學畢業後，她沒有像其他同學那樣去找工作，而是開始埋首文學創作。她在一年之中寫了兩部長篇小說，但均未被採用，不過瓊安娜並未灰心。她認為是自己的視野太狹窄所致，於是她便借了一大筆錢，到各地去旅遊，增長見識。在每次旅遊後，她都會寫下大量的散文和札記，但被報社採用的機率仍然不高。

由於長期入不敷出，她的家境每況愈下，她開始找工作。因為她有很好的文字基礎，所以很快就在一家報社找到了一份記者工作。但她對文學創作仍念念不忘，於是對記者工作極不用心，沒多久就被解雇了。

這時，她開始靜下心來分析當作家所需要的多種因素。終於她認清要成為作家除了努力之外，還要有機會、閱歷、思想等許多條件，

當然最重要的是要有天賦。瓊安娜決定放棄當作家的念頭,而開始從事廣告文案創作。

由於她文學底子很強,很快就在廣告界嶄露頭角,最後成為有名的廣告策劃人。

專家提醒

專家研究指出,一個人懷著興趣從事自己最擅長的工作,能發揮全部才能的百分之八十到百分之九十,而且在工作過程中能夠有主動性、創造性,效率高,不易疲勞。這裡強調的是你的興趣一定要和自己的優勢相匹配,否則就會半途而廢。

因此,確立某種職業興趣,不能憑一時熱情,要透過社會實踐活動,清晰認識自己,既要冷靜看待社會需求,也要看到自己某方面的特長、優勢。

職業興趣的培養和發展要有一個過程,不是一天兩天就可以確定的。要形成良好的職業興趣,一定要善於學習,善於觀察,善於實踐,善於進取。這樣,就能很好把自己的優勢、興趣與擇業結合起來。

你的優勢在哪裡

✗ 主題連結:優勢

對於興趣的認識,很多人往往容易形成一種錯誤的觀念:認為我們從小就對某方面的事務感興趣,所以長大了從事這方面的職業一定如魚得水、游刃有餘。

職場神隊友
與其等貴人，不如自己當貴人

其實，興趣對於某些人來說能夠發揮自身的優勢，但是有很多人並不是這樣的。有很多人要等到中年才最終確定自己究竟要走哪條路，因為人到中年時，他們在職業方面已經積累了豐富的經驗，一接手工作就能順利展開。

社會上想獲得成功的人很多，但每個專業領域都有一定的適合人群。所以當你在確定職業目標時，千萬別忘了將自己寶貴的青春與精力用在你所專長的地方，選擇自己最具有優勢的方面去發展。

職場故事

「高級保姆」的「領頭羊」

隨著社會的高速發展，人民生活水準的提高，「高級保姆」越來越稀缺，這是由於大城市高收入家庭對高級家政服務人員的需求量增多。

傅嬗蘄便抓住了這一機會，她從一所醫科大學研究生畢業後，在一家大醫院的婦產科和兒科待過三個月。後來，她被一家外資企業的醫療室找去擔任主要負責人。

有一天，她的一個外國朋友托她找一個「高級保姆」，傅嬗蘄熱情的答應了，她當天就聯繫了自己以前的一些同學、朋友及熟人。忙了一個下午，卻沒有找到一個合適的人，她們都說不願意做這種工作。沒辦法，傅嬗蘄只好上網了解保姆市場，希望能夠找到合適的人選。她在網上很快發現「高級保姆」市場具有巨大的挖掘潛力。

第二天，她又瀏覽了幾十個網站，並把一些重要資料下載後拿給

父母看。她的父母吃驚的問：「你不會是要告訴我們，你要去當外國朋友的保姆吧？」傅嬋蕲興奮的說：「沒錯，我就是想去當保姆，不過，我最終的目的是開一家培養『高級保姆』的公司！你們等著吧，不出三年，你們的女兒就會成為老闆的！」

儘管父母很不情願，但是看到女兒如此自信，也就答應了。就這樣，傅嬋蕲找到了她的外國朋友，說明了自己的想法。雙方談妥後，傅嬋蕲毅然辭去了那家外資企業待遇優厚的工作，來到了朋友家當保姆。她的新工作是週一至週五每天接送孩子上下學，上午和下午替雇主家用洗衣機洗衣服、打掃衛生、購好晚餐的菜餚等等。

起初，她和她朋友家的小男孩「合作」並不愉快。但是，傅嬋蕲依然耐心去上課，並帶上了自己畫的畫和親手製做的小玩具。果然，小男孩對傅嬋蕲的畫和玩具產生了興趣。於是，傅嬋蕲產生了一個大膽的想法，在上課時兼教他一畫畫。孩子學習的興致非常高，一堂課下來，他始終積極配合傅嬋蕲。

經過這次以後，傅嬋蕲每天會帶給孩子一個意外的驚喜，比如在週末帶他去附近的森林公園放風箏、朗讀唐詩宋詞，寓學習於玩樂中，並教他打掃房間、洗碗等一些工作……經過一段時間後，她與朋友的約定期很快結束了，傅嬋蕲與孩子也建立了深厚的感情。

透過這次家教，傅嬋蕲覺得自己在教育和照顧三到十歲的孩子方面已經積累了許多寶貴的經驗，可以再學習其他方面的保姆知識了。於是，傅嬋蕲專門去家庭服務中心諮詢保姆行業的有關資訊。工作人員向她介紹說，近年來保姆市場上逐漸出現了「星級群體」，她們已經陸續進入部分富裕家庭並贏得了雇主們的歡迎。傅嬋蕲又四處打聽

職場神隊友
與其等貴人，不如自己當貴人

保姆市場的需求狀況，這時剛好碰到某家政服務公司招聘高素質的
「星級保姆」人員，「星級保姆」會要求從業人員的學歷和能力，且按
素質高低分為特級、一級、二級和三級，待遇十分高。

傅嬋蕲覺得「星級保姆」市場的確有前途，正符合自己今後創業
的需求，便決定先學習。由於條件好，她很快就應聘上了「星級保
姆」，她邊做邊學，最後終於透過考試，如願以償成了特級「星級保
姆」。

後來，傅嬋蕲服務的許多客戶想讓她續簽服務合約，但她告訴客
戶，公司規定她最多只能為他們服務兩個月，因為還有很多產婦和小
寶寶需要她護理呢！同時，她也暗下決心：到時她開家政服務公司，
如果有客戶提出這種要求，她一定滿足他們的需求！

由於傅嬋蕲工作出色，有許多人慕名而來，要傅嬋蕲為他們服
務。此時，傅嬋蕲感覺應該為自己創業加緊準備了。於是她辭職來到
一所家政學校，接受了半年正規培訓，主要學習了服飾化妝、家庭活
動安排、家庭中西餐製做、家庭理財、駕駛、東西方禮儀等課程。

當時「菲傭（菲律賓女傭）」在外國人家庭很有市場。為此，傅
嬋蕲在家政學校學習的時候，曾提出「挑戰」菲傭的口號，但一旦真
正進入外國人家庭，傅嬋蕲最大的感受是得向菲傭學習。正如傅嬋蕲
所說：「菲傭之所以被看好，是因為她們的服務已經規範化和制度化，
無論走到哪兒服務都不會變味。相比之下，目前很多人都有專科學
歷，卻鮮有從事保姆工作經歷的人，往往會給雇主留下『自我意識太
強，服務意識太差』的印象。所謂『高級保姆』絕不僅僅意味著高學
歷和高工資，其實服務品質高才是第一位的。」

透過學習之後,她有了足夠的行業經驗,也掌握了一定的客戶,自己在熟客中又有好口碑。這時,傅嬋蘄覺得創業的條件已經成熟了。於是她辭去了當前的工作,決定自己當老闆。

傅嬋蘄的家政服務有限公司正式開張了,她的家政公司提供的「高級保姆」必修課程包括家政職業道德、法律常識、衛生常識、家庭禮儀、服飾化妝、家庭活動安排、人際交往、家庭中西餐製做、衣物洗滌熨燙保管、胎教、幼稚教育、嬰幼兒孕產婦老人病人護理等。

經過傅嬋蘄正規培訓出來的第一批「高級保姆」被一「搶」而空。傅嬋蘄說,她對自己公司的發展前景很有信心,決定今後繼續擴大公司規模,加強高起點、高品質的高級保姆品牌培訓。

線上點評

傅嬋蘄不僅具有做大事的魄力,更具有遠見的頭腦。儘管她知道自己並沒有學過「高級保姆」這個專業,但是她知道自己適合做這項工作。透過自己對保姆市場的深入了解以及親身體驗,她發現了自己的優勢所在。因此,她毅然放棄了外資企業的高薪職位,從一名普通保姆做起,直到創辦了自己的家政公司。

事實上,每個人都有自己的優勢,如果你能像傅嬋蘄那樣經營好自己的優勢,就會給你的生命增值。

在當今社會中,職場裡過去的經驗不能保證你現在能成功,特定的經驗或許已經過時。那麼,究竟是什麼才能使人生獲得成功呢?那就是發現並發揮好你的優勢。大多數人都具備自己的特長和實力,但是他們卻不知道如何去發現和發揮自己的優勢,只是茫然混日子,這

實在是一件非常可惜的事。

誠然，追求理想能帶給你充實的精神和廣博的知識，但如果不能實現自我價值又是多麼遺憾。當一個人浪費了許多光陰以後卻發現自己並沒有站在自己的優勢領域裡，這時誰又能還你逝去的青春歲月呢？如今的年代，我們輸得起精力和金錢，但是我們輸不起時間。

因此你在選擇事業時要非常謹慎，一定要善於發現自己的優點，發揮自己的實力，將你的長處表現得充分合理。否則，相信你至少也要多花一些冤枉時間去摸索前進。

如果發現有些專業真的不適合你，趁著現在還年輕考慮一下改行也未嘗不可。別人看來蠻不錯的工作，對你來說也許並不那麼完美。

專家提醒

如果你在一個職業領域拚搏多年還沒有成效的話，就要考慮你的職業方向是否正確。你是否適合從事這項工作？你的優勢是什麼？因為愛好所以難以割捨，這是你的誤區。擇業與改行是人生的轉捩點，希望你慎重處理，如果處理得好必會使你一生受益無窮。

現在就去尋找能夠發揮你專長的職業吧！只要你正確認識到自己的興趣和能力的限度，把自己的天賦和特長與適合的職業結合起來，你事業的成功也就容易多了。

不要被跳槽所束縛

⋈ 主題連結：跳槽

在高速發展的社會中，每個人都有自己的優勢，每個人都可以追

求自己的成功。但是，如果你處在一個不利於你發展的工作職位上，你敢不敢提出辭職呢？你雖然想做一番大事業，但卻被安排在一個閒置的職位上，就連你的創意都被閒置起來了，這時你也許會想到放棄這一項工作。

在你想放棄這項工作的時候，不妨先看看下面的例子。

職場故事

還要「跳」多遠

方達是一家廣告公司的業務員。雖然在本行業摸爬滾打只有一年多的時間，但他已經先後在三家廣告公司工作過。

剛入行時，他覺得廣告業是個非常有前景的行業，他滿懷信心要做出一番成績。但是，當真正進入職業角色後，他感覺到現實的工作與理想的職業相差甚遠。他的第一份工作是廣告設計。但一段時間後，老闆讓他改做業務了。他覺得做業務，既累又不掙錢。之後，他跳到另一家公司，但老闆不太信任新人，對他的工作非常不支持，他也根本沒有機會單獨完成一個廣告創意。初入職場非常不順心的他，又開始尋找下一個工作公司，準備再次跳槽……

尋找更好的乳酪

大學畢業後李梅留校任教，當時她覺得自己非常幸運，不僅專業對口，還在名校做助教。可是，隨著時間的推移，一種前所未有的空虛開始困擾她。校園裡平靜、單調、循規蹈矩、不痛不癢的日子讓她厭煩，她活得越來越無精打采。她總覺得自己的優勢沒有被充分利

職場神隊友
與其等貴人，不如自己當貴人

用，就像是被打了興奮劑卻被安排在小房間裡踱步一樣。她強烈感覺到，如果不及時解決問題，她就會失去本可以昇華的靈魂。

李梅本來就是一個十分好強的人，她感覺到學校裡的生活並不適合追求新鮮感、追求挑戰的她。她熱愛她的專業。但她更希望能夠在實踐中運用它，而不是紙上談兵。最後。她終於明白了她的空虛所在，她需要有一個廣闊的天地施展拳腳，那才是她的真實情趣所在。於是，她跳槽到了一家專業諮詢公司。工作雖然很苦，但她很充實。

跳槽換自己感興趣的工作，讓李梅感受很深，她說：有時候，一份在別人眼裡看起來挺不錯的工作，在自己看來卻並不那麼好。工作就像腳上的鞋子一樣，合不合適，只有自己心裡明白。有時候即使是合自己專業的工作，也並不意味著你一定會喜歡，要知道，你可能更適合另一項工作，儘管你學的不是那個專業。當你對現在的工作感到不滿意的時候，認真想一想原因，如果你現在的工作讓你心生不耐，與其苦惱著不如換一換，尋找一份更好的乳酪。

線上點評

從故事一中可以看出，一年多時間跳三次槽，無論如何也無法讓人相信不是方達自己的錯。職業人最基本的素質是要有責任心和敬業精神，這麼不把跳槽當回事將來肯定會遇到麻煩事。

第一個老闆讓他改做業務沒有什麼錯，做業務後可以真正理解客戶需要什麼，不需要什麼，如果沒有第一線的客戶經驗如何能設計出好的廣告創意呢？

第二個老闆也沒有錯，信任一個人是要有過程的，得到一個朋友

的信任都需要你努力去做一段時間，何況是一個企業的老闆呢？你為公司做出了什麼值得老闆信任的事嗎？你小的事情不屑去做，老闆怎麼會放心讓你單獨完成一個廣告創意呢？

故事二中的李梅起初也遇到了這種事業上的「瓶頸」現象，但是她能夠仔細分析自己的優勢究竟在哪裡。她找準了自己的優勢並果斷跳槽，使她在自己的優勢領域一展身手。

在職場上，像方達和李梅這樣的問題時時碰到，重要的是要先明確自己的方向。先想想，自己對新公司的不滿意是不是原公司的那種情緒在作怪，仔細審視新公司的業務和發展，如果真的很差強人意，不利於自己的工作前程，那麼就像李梅那樣果斷離開。

一個人在一生中，有很多時候是需要靜下來思考何去何從的，「瓶頸」現象就是如此。表面上看，「瓶頸」狀態的出現表明事業進行得不是很順利，但是「瓶頸」時期恰恰給你提供了一個最好的反思機會。它讓你有時間去反思自己對事業的選擇是不是正確，自己追求事業的方式是不是恰當。

由此看來，出現「瓶頸」狀態不但是正常的，而且對你今後的事業也是有幫助的。所以如果你在工作中出現了「瓶頸」問題，不要逃避，勇敢走出去，跨過了這座山，你的前面就是一片光明大道。

專家提醒

這裡提醒你，跳槽也有兩個方向，一個是回原公司，一個是另找一份工作，這個時候你要認真審視自己：

1. 你到底喜歡什麼樣的工作。你要仔細想想什麼樣的工作適合你

的職業興趣，有了職業興趣，你才可能燃起對工作的熱情。

2. 你是否適合這項工作。人的性格與職業適應性有著密切的關係，不可能讓一個性格疏懶、喜歡丟三落四的人去做好文字校正工作。如果你的性格與你喜歡的工作相符，那麼你就是適合的。

3. 你是否能夠勝任這項工作。當然，只有你能夠勝任這項工作，你才能選擇它。

以上幾條要仔細想好，再按著它去做，你多半可以找到令自己滿意的工作。

方向錯了，要掉頭

△ 主題連結：方向

職場中，每個人做自己的事情必須當機立斷，當知道自己已經走錯了方向時，就要及時掉轉頭，朝正確的方向走，才會達到理想的目的地。如果明明知道方向錯了還要繼續走，最終會一無所成。

要改變自己目前的狀況，要讓自己更有自信，要讓自己做事更有成效，我們就必須做出更好的決定，採取更好的行動。一位成功的職場人士講過一句話：「你一定要做自己喜歡做的事情，才會有成就。」

職場故事

從窗子爬進去

● ●

李浩從小就立志經商。他在大學讀書的時候，就與學校附近的菜農、果農商量好，利用課餘時間擺菜攤。他和市場的小販們並肩叫

賣，與他們一起吃便當，儘管受了許多苦，但是，他始終相信自己一定會在經商的道路上取得成功。

大學畢業後，他被分配到一家醫藥公司工作，但這裡的工作缺乏挑戰性，並不符合他的理想。經過認真分析後，他毅然辭掉了這份工作。後來，他應聘到當地一家知名的文具公司，推銷辦公文具用品，這項工作充滿了挑戰性。

第一天去推銷產品，他來到了一家辦公大廈，但大樓保全卻將他攔了下來，因為這家大廈裡的公司都是很大、很有名氣的企業，不接受沒有預約的外來推銷。第一次就吃閉門羹的李浩非常沮喪，但他在大廈外面喝了一瓶飲料稍做休息後，心情平靜下來，心中想起了一句話：「當別人把你從門裡趕出來時，你要想辦法從窗子爬進去！」他的信心又增長起來了。他偷偷從沒有保全把守的安全門進到大樓中，並逐層推銷，結果他在短短的一個多小時就接了好幾張訂單，成功邁出了第一步。

由於李浩的業績非常突出，不久他就在這家公司當上了部門主管。在以後的職場道路上，李浩充分發揮了自己在經商方面的天賦，他在競爭激烈的職場中一路披荊斬棘，業績不斷得到提升。後來，他離開了這家公司，和幾個大學同學開創了一家屬於自己的公司，他也因此實現了自己的夢想。

你是不是走錯了地方

● ●

夏小菊是一家公司的職員。這天，她在公司的二十層大廈頂樓正沮喪著，因為在一個專案的策劃中，她的策劃案又被否決了，而另外

職場神隊友

與其等貴人，不如自己當貴人

兩個對手卻屢屢被選中。她十分不服氣，因為她一直做得很努力，她堅信自己做得比他們要好。

可是，失敗也是不容分說的。有好幾次，夏小菊想過是否應該離開這裡，但是，這裡的高薪是她迫切需要的。

她越想越委屈，不知不覺就哭了起來，這時午休時間快結束了，她好不容易擦乾了眼淚，眼睛還有點腫，就低頭走進辦公室。她小心而快步的朝自己的位置走去，想快點坐進自己的座位，可是，她發現她的位置上已經有人坐著。夏小菊稍一遲疑，那個人也站了起來，回身與她撞個滿懷，他手上的檔全部掉在地上。

接連而來的事故讓她不知所措。她惶恐不安的幫他拾起地上的東西，他卻抬起頭溫和問道：「小姐，你沒事吧，你是不是走錯了地方？」

夏小菊抬頭一看，原來自己真的走錯了地方。因為這座大廈裡每層樓的格局非常相像，使人很容易走錯地方。

夏小菊尷尬笑笑，準備離開，心裡恨自己傻，眼淚就忍不住又掉下來。年輕人對她笑了笑，他的笑容使夏小菊幾乎忘了尷尬，她也笑笑，不自覺說：「我是走錯地方了。」

回到自己的辦公室，夏小菊眼前浮現了剛才的場景。自己不覺在想：「我走錯地方了。是啊，大廈那麼大，我很容易走錯一層樓，而世界那麼廣，我很可能就選錯了努力的方向。為了高薪而留在自己並不適合的公司，與走錯了辦公室有什麼分別，看來，這裡並不是屬於我的地方。」

現在夏小菊已經在其他的公司工作，並且度過了最艱難的歲月。

而她知道，讓她這麼快度過那段灰暗日子的，其實只是那一句含義頗深的問話：「你是不是走錯了地方？」

線上點評

故事一中李浩因為從小就有經商的天賦，所以他對醫藥公司的工作不感興趣。他選擇推銷行業是因為他曉得自己的優勢在哪裡，他對於自己原來從事的工作進行了認真的分析，果斷選擇了正確的方向。同時，他對自己選擇的這個方向充滿了信心，並為之全力以赴。

故事二中的夏小菊原本是一個優秀勤奮的女孩，但是在公司中卻始終不受重用，自己的策劃方案一味被否決，使她很傷心。她並沒有像故事一中的李浩那樣，及時發現自身問題的癥結，而是無意中走錯了辦公室，被人一句「你是不是走錯了地方？」的問話點醒，她這時才深刻認識到自己的方向在哪裡。

在我們周圍，有些人在選擇職業方向時，遇到困難後，往往把周圍環境當中每件美中不足的事情放在心上，對周圍事情的指責和消極的念頭捆住了他們的手腳，使他們很難再去體驗歡樂。他們似乎由於難以解決的難題而挫傷情緒，失去活力，陷於失望，無所作為。在遇到麻煩和苦惱的時候，他們往往把精力用在責怪、牢騷和抱怨上。

在職場中，我們要正確看待自己，把握好方向，就像故事一中李浩那樣知道自己的職業方向選擇錯了，就果斷調整自己的航向。也許有的成功者會深入其中，一時不能看清方向，但別人的一句提醒或身邊的一件小事會讓他及時清醒過來，像故事二中夏小菊那樣能夠在別人的提醒下找準自己的方向。

職場神隊友
與其等貴人，不如自己當貴人

誠然，故事中的人物在選擇方向時也遇到了不少麻煩，但這些都沒有阻止他們前進的腳步，他們不因外界環境好壞而影響自己的情緒，他們認准了自己的優勢，勇敢向著自己的目標前進。

專家提醒

如果我們能選適合自己個性特點的工作或事業，我們將能樂在其中，不知老之將至，成功便是一個快樂的過程。我們常說痛苦，事實上痛苦就是做自己不願做而又不得不做的事。當然，我們並非完全鼓吹興趣主義，光憑藉興趣是無法完成一項事業的，因為任何一項事業的奮鬥，總是需要付出一定的努力。

只要你用積極的態度來看待自己的生活，就會發現沒有任何經驗不值得回憶，其中都包含著它的價值。這時，你會發現自己具有的那些優良特質是和其他人都不一樣的因素。這些都是你具有的優點，優點就是力量，它是你信心的來源和人生之路的選擇根據。

你要記住：當你意識到自己走錯了方向時，你應該果斷掉頭！

走出職場「滑鐵盧」

✗ 主題連結：職場「滑鐵盧」

年輕人初入職場，心中都懷著美好的憧憬，並期盼著透過自己的努力獲取成功。可是多數人在千變萬化的職場環境中，都會遭遇職場「滑鐵盧」。他們常常面臨許多失敗和挫折，並不是他們本身沒有能力，而是他們難以發現自身的優勢。

職場如戰場，要想在職場上風光無限，游刃有餘，必須學會發現

自己的優勢，學會正確思考，做好正確的事。只有這樣才能在變化多端的職場環境中走出灰色地帶。

職場故事

遭遇職場「滑鐵盧」

談起自己的職場經歷，吳可有些無奈和落寞：「如果把職場比作戰場的話，我是個不折不扣的失敗者，因為每次戰鬥都是我的『滑鐵盧』。」

「大學畢業那年，外語系的學歷很吃香，憑著優異的表現，我終於進入一家知名的合資電訊實習，擔任實習翻譯。公司把我安排到了一個陌生的城市，隔閡的語言、壓力重重的工作競爭、對親友戀人的強烈思念……一切都讓我難以適應。下了班，我就打電話給父母、戀人，似乎無盡的傾訴才能使我繼續在這樣的生活環境中待下去。」

「一個月不到，電話費的花銷讓我有些捉襟見肘。這時，我就偷偷用公司的電話打長途。最後，公司發覺了，結果我失去了這份人人羨慕、前途無量的工作，從開始到結束，只有兩個多月的時間。」

「回家後我打算考研究所，可考試成績的公布讓我再次嘗到苦澀的滋味。沒辦法，我又應聘到一家普通的公司當翻譯。雖然報酬不高，好歹也是一份工作，我做得也很努力：難度高的資料別人不願翻，我主動接下；別人不願陪的客戶，我去陪；出差、加班，別人不願做的，我都二話沒說去做。」

「可是我的表現沒人讚賞，倒是換來各種猜忌和流言：有的說我恃

職場神隊友
與其等貴人，不如自己當貴人

才傲物，愛出風頭；有的說我討好上司，野心勃勃想取代公司公關部經理的位置；最可恨的是居然有人翻我老底，說『要不是因為偷打電話被 ×× 電訊公司踢出來，他這樣的名牌學校高材生會到我們這個小公司來嗎？』就這樣，上司漸漸對我不鹹不淡，重要的談判、技術資料都和我無緣。顧不得父母的再三相勸，看夠了他們的狹隘和勢利，這一次我主動選擇了離開。」

「在家半年，大學好友阿勝和我聯繫上了。他說他辭了工作，建立了自己的翻譯工作室：『反正你也是閒在家裡，不如來幫我的忙。』這段時間我認識了潔瑜，一個典型的『月光女孩』──為了買到快樂，不惜每個月都花光薪水的女孩。她教我領略了咖啡、名牌、百貨……那是我從未體驗過的另一種生活方式，令人不由自主沉醉。漸漸的，我不能按時交出譯稿，甚至有一次，我把一份霜淇淋和一份農藥的配方資料混淆了交給客戶……」

「阿勝開始常常向我發火，我在他的咆哮聲中沉默，我接到的工作越來越少。我和他之間越來越不像朋友，他更像一個對下屬『恨鐵不成鋼』的老闆。我承認我這人惰性很強，阿勝並沒有什麼錯。不過，我已經習慣這種慵懶的生活，於是我離開了翻譯工作室。」

線上點評

如果我們將在職場上遇到困惑的人比喻成病人的話，那麼這位吳可先生簡直就是病入膏肓了。從表面上看他是因為自己「倒楣」才走到今天這一步，但是，我們透過分析發現，深層原因並不完全在於此。

從職業規劃上看，他沒有自己明確的職業方向，更談不上具體的職業規劃，盲目在職場上遊走，消磨並喪失了自信心；從專業資質上看，其專業（外語）本身只是一種交流的工具，缺乏實際的技術技能的支撐，無法順利向其他領域拓展；從工作經歷上看，只是做過翻譯工作，並且在層次上越來越低，幾乎提煉不出多少具有競爭力的職業含金量；從個人性格上看，生性懶散，沒有起碼的職業危機意識，火燒眉毛了還在暫時的風花雪月中虛度，這也是他工作不如意帶來的結果形成了惡性循環。

從以上我們可以看出，吳可原本在職場上應該屬於中端的競爭者，但現在他已經落入了低端的行列，此時他必須立即清醒過來，為時還不算太晚，否則，首先被淘汰出局的就是像他這樣的職業人。

其實，透過分析我們發現，很多像吳可這樣的人並不是不求上進，其關鍵在於他們沒有找到一份真正能夠激發自己潛能的工作。他們將精力投入到無關緊要的事情上，並因為這些無關緊要的東西讓自己的經歷平添幾分灰色。所以，這樣的人現在最為重要的就是要找到一份能夠激發自己潛能的工作，才能盡快走出職場「滑鐵盧」。

專家提醒

毋庸置疑，職業人在職場上遇到不如意是正常的，但不應該讓其成為「墮落」的理由，而要對自己的優勢和劣勢、個人性格和綜合素質等進行全面而客觀的分析，找準自己的職業發展方向，並在此基礎上進行必要的自我充電，從而找到一種實實在在的成就感，哪怕是非常小的成就感。只有這樣才能將自己解救出來，並在職場上充分發揮

自己的優勢，重新去獲得成功。

你為什麼總找不到滿意的工作

Δ 主題連結：職業定位

在職場中，有很多人總是憑著自己的感覺，不斷跳槽換公司、換行業，就這樣跟著感覺走，沒有明確的職業定位。到了年齡很大的時候，高職位的工作找不到，就算願意屈就普通職位的工作，也因為年齡大等原因而失去了很多職位的應聘機會。

要知道，你的職業定位取決於你的優勢，你應該善於發現自己的優勢；你的優勢並不完全憑著內心的感覺走，只有認識到自己真正適合什麼樣的工作，你才能在這一工作職位上充分展現自己的才華。

職場故事

總在找工作的王強

王強大學畢業後被分配到一家企業，熬了半年，就跳槽去了一家美資生產企業，收入還比較高。但他不喜歡工廠，因為他整日在工廠裡工作，很少與外界接觸。想著自己一輩子就這樣日復一日做同樣的工作，他實在是不甘心。

這時，王強的好朋友開了家市場研究公司，他感覺做市場研究很有意思，認為自己也應該做得好。於是就在朋友這家市場研究公司做專案策劃和組織市場調查，做起來感覺還得心應手。不久，在與一家廣告公司的合作中，他發現做廣告也挺有意思，而且業務的範圍比市

場研究公司廣得多,於是他去了一家廣告公司,一年後又去了另一家廣告公司。

在接下來的三年裡,王強總共去過六家廣告公司,做過客戶主任、策劃總監、常務副總經理。在每家公司,王強都覺得不受到重用,即使自己的策劃水準在廣告界不是數一數二,也應該是一流的,但是,他自己覺得很有水準的策劃方案,經常不是被上司篡改,就是得不到客戶的認可。

王強決定自己開廣告公司,這樣可以實現自己的想法和創意。剛開始公司業務還可以,到後來業務拓展越來越困難,虧損了幾十萬元,最後不得不停業。

王強又不得不去打工。他總結教訓,認定廣告業務很不穩定,不是一個好行業。他發現房地產業很火,自己做房地產策劃也應該是擅長的,所以這次找工作,他專找房地產發展商和房地產策劃代理公司。找了三個多月,終於找到一家著名的房地產策劃代理公司做行銷策劃。他發現,這些做房地產策劃的人其實還不如廣告公司的人懂策劃,他們只懂得誇大其辭的炒作,自己的策劃水準遠高於他們,但與發展商、上司、銷售部門的協調卻很有難度。剛好三個月,王強就離開了那家公司。

現在,王強又要開始找工作,再找什麼樣的工作呢?做過幾個行業,還是覺得市場研究行業最適合自己。但面試過幾個市場研究公司,要麼覺得他年紀大,不適應市場研究的工作壓力;要麼認為王強資歷不夠高,客戶關係資源又很少,不適合負責一個專案組。就這樣,堂堂一個名校學生、十幾年的工作經驗,連找一個普通的工作都

職場神隊友

與其等貴人，不如自己當貴人

困難。王強的家人責備他說：「你有沒有想過自己為什麼總是在找工作？」

線上點評

王強每去一個新行業，都憑著自己的感覺去做，自己認為自己適合：結果發現自己感覺好的工作並不一定適合自己，所以始終沒有找到適合自己的職業，這就是王強到現在為什麼總是找不到滿意工作的主要原因。

在職場中，你不能像王強那樣完全憑自己的感覺去做事，因為王強在選擇工作的同時，他沒有認清自己的理論優勢。另外，王強還特別重視自己的位置和處境，特別重視工作的條件和待遇。這樣想問題，就無法面對現實，無法突破環境與條件的局限。

在這種情況下，一個人必須堅持自己精神的獨立和頑強的追求，突破環境的局限，開闢自己的路。一個人的位置和處境並不是最重要的，而往哪裡走，走什麼路才是最重要的。有了這個信念，你才能突破環境與條件的局限，走自己的路。

有時候讓我們承認自己入錯行不是件容易的事情，而不承認則更痛苦。其實無論轉行有多可怕，都不會比在今後的日子裡忍受內心的鬱悶來得更糟。發現自己入錯行並不奇怪，一份在你二十多歲時極其理想的工作，十年後不見得仍能有吸引力。此外，技術的發展對工作產生的影響，也可能會使工作不再適合你。

很多情況下，第一選擇往往是錯誤的。也許一個電視讓你覺得其中的某個職業充滿魅力，也許你的父母會迫使你進入某個領域。問題

是，當你發覺自己並不滿意當前的工作時，下一步該怎麼做。

專家提醒

◆了解自己

對自己正在從事工作的好惡做出分析判斷，並明確對於新工作的期望。隨著年齡的增大，影響我們選擇職業的因素不斷變化，對於年輕的你，時髦的工作環境會是你的首選，而日漸成熟的你將渴求能夠真正滿足你需要的工作，不要迴避自己的要求。

◆了解工作性質

好好研究一下，仔細考慮後再下決定。別因為最明顯的原因就輕易抉擇，比如喜歡高技術研究，並不表示你希望當一個科學家。

◆了解其代價

一旦明確了自己想要的工作，下一步就是仔細權衡如何才能得到這一工作，以及可能要做出的犧牲有多大。轉行最終通常都是一件好事情，但是轉行過程中需要在金錢、社會關係，乃至個人方面付出相當大的代價。

◆及時學習和培訓

除非你特別幸運，否則要想從一個行業換到另一個行業，天生具有新行業所需的知識、技術和經驗是不太可能的，這通常都需要一定的學習和培訓。在開始學習以前，要弄清楚你所接受的是否是最好的教育。找這一方面的行家諮詢一下，確保你沒有搭錯車。沒有人希望自己付出努力後最終卻不能為社會所承認。

職場神隊友
與其等貴人，不如自己當貴人

◆尋找轉行的可能性

如果你要轉行，最好先在所在的工作公司內部尋找可能性。如果你是個祕書，卻嚮往人事部經理的工作，那就想辦法先調入人事部當個經理助理，然後開始學。與此同時，你可以透過社會大學學習人力資源管理，等你有了相當的資質和幾年的經驗後，就可以要求一個較高的職務了。最重要的是先要邁進門檻。

◆及時上網了解資訊

如果可能的話，跟已經入這一行的師兄、師姐聊聊。透過網路來找工作，通常需要你對市場情況能夠一清二楚。了解你想做那一行的職業協會和相關人群。如果可能的話，參加他們的活動，與這一行的人多接觸，如果能找到個老師就更好了。與這一行的老前輩接觸一下，告訴他們你的想法，並尋求其指導。你可能會因此而得到一些事情可做，這都是很好的歷練。

全身心地熱愛工作

△ 主題連結：熱愛工作

年輕人思想活躍，精力充沛，不免旁涉種種工作，不能一心一意。要麼從一個公司跳到另一個公司，要麼換了一個又一個工作。這本來沒錯，可塑性強、發展前景廣闊的年輕人有多種嘗試的資本，但卻不能讓它成為缺乏恆心、缺乏毅力的藉口。一旦選中了自己喜歡的事情，就要全身心投入到工作當中去。

做好工作的前提就是熱愛它，全身心投入到工作當中，只要對工

作注入了滿腔熱情，我們就會在工作中樂此不疲。如果做事時能夠集中心思，那我們就會覺得精力充沛、幹勁十足。

職場故事

熱愛的力量

● ●

　　小張是一家大公司的財務助理，他是一個活潑、能幹又討人喜歡的年輕人。他有一位漂亮的妻子、一個兒子以及光輝的前途。

　　小張平時喜歡繪畫，他的許多風景油畫，都懸掛在辦公室的牆上，有時候他也把畫賣給公司外面的人。雖然他喜歡自己的工作，但是他更熱愛繪畫。他一向很喜愛山青水秀的小城鎮，他認為那是藝術家的樂園，他想要放棄現在的工作，找一個風景優美的地方開一家畫店。

　　他把自己的想法告訴了妻子，他的妻子鼓勵他說：「我們也可以賣畫框，我照顧店面，你就可以畫畫了，我相信我們一定可以成功的。」在妻子的熱心鼓勵下，小張下定決心辭掉了工作，他們搬到了郊區一處風景優美的小鎮。在這個風景秀美的小鎮裡，小張開始專心作畫。

　　事實上，他畫得非常好，經過幾年的努力，他終於成為當地最成功的畫家之一。他的作品曾在全國展覽，他也曾經在許多畫廊舉辦過個人畫展。他建立了自己的畫廊和畫室，這都是因為他和他的妻子有勇氣去嘗試一個新機會。

職場神隊友

與其等貴人，不如自己當貴人

一切靠自己

●●

從走進大學的第一天起，閆傑就告訴自己：將來的一切只能靠自己。閆傑知道，以家裡的經濟情況，能供他讀完大學就不錯了。於是，他精心設計了色彩斑斕的大學時光。他做了四年學生會幹部，打了三個暑假的短工，沿街推銷過書籍，還做過家教。

從大四上學期開始，閆傑就每天從多家報紙上搜集招聘資訊，然後出入大大小小的人才交流會。他堅信，以他的實力和熱情，最終會找到適合自己的位置。

大學畢業後，他決定放棄所學的國貿專業，一心追尋做了多年的記者夢。他並沒有費盡心機去策劃他的求職材料，只是如實準備了一份擔任過校報記者、系記者團團長、系報主編等職務的簡歷和近百篇發表在校內外報刊上的文章。

為求職所走過的艱辛路程是他生命歷程中一次閃光的錘煉。在一家報社實習時，他住在租的民房裡，鄰居全是外地來打工的農民，連個廁所都沒有。時值冬日，房間裡也沒什麼取暖設施，他蓋著從學校帶去的薄薄的被褥，半夜裡不止一次被凍醒。然而，再苦再累，閆傑都沒有灰心喪氣。

在找工作時，他可以不要薪水，只求給他一個實習的機會，因為他的專業不是新聞，因為他的母校不是名牌。天道酬勤，多家公司向他發出了邀請，希望和他簽約，但他都放棄了。良禽擇木而棲，在沒有真正遇到自己心儀的公司之前，他只想證明一下自己的實力。

幾經周折，閆傑最終走進了一家心儀的報社。在他與所要求的知

名大學、新聞專業等諸多條件不符合的情況下，報社總編選擇了他。

這主要是因為那次面試，閻傑給總編留下了深刻的印象。閻傑談到在任職系報主編期間，如何使全系的宣傳成績由倒數拿到優秀，如何在短時間內採寫出大量的新聞稿件……談話進行了近一個小時之後，總編的臉上露出了滿意的笑容。

線上點評

故事一中小張喜愛自己的工作，但他更熱愛繪畫，於是他毅然放棄了現有的工作，他的成功也證明了這個選擇是正確的。他認定繪畫是自己的最大優勢，當他選擇之後，他全力投入到這項工作中，以極大的熱情完成了自己向成功的過渡。

故事二中的閻傑多年來一直做著記者夢，他相信自己的實力。因為在校經歷使他認識到了自己的優勢在哪兒，他也因此放棄了自己所學的國貿專業，全身心投入到記者行業。儘管他在這一過程中吃了很多苦，但是他沒有放棄自己所熱愛的工作，他的執著源於對自己的信任，源於對自己優勢的認知。

可見，只要你對自己熱愛的工作全力投入，你成功的機率就是很大的。正如一句名言：「上帝偏愛那些勇敢和堅強的人。」

要熱愛自己的工作，你就要像小張和閻傑那樣培養與自身優勢相符的興趣，並全身心投入其中。你要把自己從「缺乏興趣、容易疲憊、生活無趣」的惡性循環中擺脫出來。你要有自己的追求，並為實現追求積極發揮你的優勢。沒有目標的引導和激勵，你的精力就猶如一盤散沙一樣沒有力量，及至最後消失得無影無蹤。

職場神隊友
與其等貴人，不如自己當貴人

專家提醒

在這裡，強調熱愛工作，並不意味著你理想的工作沒有挫折，沒有失望和問題。事實上，就是那些偉大的人物也經歷過短暫而真實的低潮，他們經歷過失望、壓抑甚至懷疑，但是他們並沒有放棄，因為他們熱愛自己從事的工作。

真正成功的人和熱愛工作的人看待工作的方式與那些不熱愛工作的人是恰恰相反的。

你要知道，成功的真正意義是找出你所熱愛的工作並努力去做——在奮鬥的旅途中必須不顧自身的安全與幸福，有時候只有這樣做，才是獲得你真正想要的東西的唯一方法。

你難道非要在一條路上跑到底嗎

☒ 主題連結：選擇新路

無數事實證明：自己剛開始認定的，不一定是正確的，一定要學會選擇適合自己的新路。這就是說，人生總會碰到許多走不通的路，這時候，你應當換個角度考慮問題，重新操作。成功職場人士的習慣是：如果這條路不適合自己，就立即改變方式，重新選擇另外一條路。

職場中，有很多人對於自己當前從事的工作常常是「一條路上跑到底」，「不撞南牆不回頭」。這些人有可能一開始方向就是錯誤的，他們註定不會成大事。南轅北轍、背道而馳固然不行，方向稍有偏差，也會「失之毫釐，謬以千里」。還有一種可能是當初他們的方向是正確的，但後來環境發生了變化，他們不適時調整方向，結果只能

是失敗。

　　一個美國商業家族的成員曾這樣說：「我們必須適時改變公司的生產內容和方式，必要的時候要捨得付出大的代價以求創新。只有如此，才能保證我們永遠以一種嶄新的面貌來參與日益激烈的市場競爭。」

職場故事

華爾街的女人
●●●●●●●●●●●●●●●●●●●●●●●●●●●●●●●●●●●●●●●

　　裔錦聲是美國華爾街舒利文公司的副總裁。如果不是「九一一」恐怖事件，她的辦公室至今仍然坐落在紐約曼哈頓世界貿易中心的七十九層。

　　這位聲名顯赫的女人有著一段不平凡的經歷。她幼年喪母，由舅舅撫養長大。大學畢業後，裔錦聲考取了英語系碩士生。喜歡標新立異的裔錦聲在做畢業論文的時候，定的題目是《美國夢的產生與幻滅》。

　　之後不久，機遇再一次惠顧了裔錦聲。她在一次偶然的機會中，認識了美國華盛頓大學前研究生院院長、著名數學家 Guidoweiss 教授，他們在一起談得很投機。這位愛才如命的 Guidoweiss 教授，很快將一封國際快件交到裔錦聲手中，裡面是華盛頓大學的錄取通知書、全額獎學金和美國移民局頒發的 lAP-66 表，以此申請進入美國的簽證。

　　但是命運似乎和她開了一個玩笑，由於獎學金的問題，她不得不

職場神隊友
與其等貴人，不如自己當貴人

轉了專業，棄英從文。從華盛頓大學畢業，裔錦聲原本打算回來教書，但是，先期畢業的丈夫在美國已經找到了一份工作，女兒又小，裔錦聲不得不打消了念頭。裔錦聲畢業了，同時也失業了。

此後每天，裔錦聲都要買回一大堆報紙，希望從中能找到一份收入穩定的工作。一天，裔錦聲從《紐約時報》徵人欄上看到舒利文公司刊登的招聘廣告：商學院畢業；至少三年的金融專業或銀行工作經驗；開闢香港、亞洲業務；薪水從優。裔錦聲被這則廣告吸引住了。儘管她不是商學院畢業的，但她還是將自己的資料寄給了舒利文公司，但是很久都沒有得到回覆。最後，裔錦聲鼓起勇氣打電話給舒利文的總裁 Donald。

裔錦聲直截了當說：「我沒有商學院的學位，但是有文學博士學位，文學是人學，我善解人意。在獲得博士學位的過程中，我知道怎樣發現問題，解決問題。我是一個女性，在美國還是一個少數族裔，我經受了很多艱難困苦，它們沒有讓我倒下，而是使我變得更加堅強。我沒有銀行工作經驗，但基於我擁有的這些優點，我將成為公司的財富，而且公司也一定會為我提供這個機會，這對雙方都是有益的事情。如果公司認為在我身上投資有風險，可以先不付我傭金。」

Donald 被這連珠炮似的話給打動了，同意裔錦聲參加舒利文公司的面試。兩個星期後，在經過七次嚴格的面試之後，舒利文公司拒絕了其他一百多名應試者而雇用了裔錦聲。後來，Donald 告訴裔錦聲，當時聽到她在電話裡說的這些話十分感動，立即就想雇用她。Donald 這樣說：「因為你是一個不會向生活妥協的人，而我們公司需要的正是這樣的人。專業知識可學，性格卻難改。」

第一章 找到最適合你的職業
你難道非要在一條路上跑到底嗎

舒利文公司最初是當地一個小獵頭公司，專為波士頓地區的高科技公司尋找人才。後來業務拓展到法律、醫院、金融，並且從單純地替別的公司找人發展到諮詢該公司成長的全部計畫，開辦培訓班，培養在職總裁、副總裁的管理能力。當時，舒利文公司已經擁有十四個分公司，公司市場評估價值七千四百萬美元。

從學校剛畢業就進入這樣一個美國主流公司，裔錦聲縮短到兩分鐘內。因為大人物甚至一般的人注意力往往只有兩三分鐘，一個人因自己表述能力差而浪費他人的時間與在電話上饒舌是同樣的「犯罪」。裔錦聲還別出心裁，把自己的電話錄下來，然後在每天的小組會上放給同事聽，請他們提意見。那種感覺真比初學英文還讓人難堪，但她還是堅持下來了，而且這種基本功訓練為她今後在華爾街替公司打入亞洲市場立下了汗馬功勞。

起初，對於裔錦聲的工作，Donald 總裁給予了她許多幫助，替她制定了一套套的計畫。一年的、六個月的、三個月的，並且將這些計畫落實到每一天。每天讀各種美國刊物一小時，讀《華爾街時報》一小時，熟悉銀行業務兩小時……隨著時間的推移，她的業務能力越來越熟練了。

不久，瑞士銀行負責亞太地區推銷債券的格莉絲成為裔錦聲在亞太地區發展的第一個客戶。透過格莉絲，裔錦聲發展了舒利文在亞洲全方位的業務。隨後，裔錦聲又贏得摩根銀行的信任。根據這兩家銀行在香港、新加坡、日本等地的公司結構、投資目標、競爭力量，裔錦聲替他們在金融產品與人力資源上出謀劃策。

在五年的時間裡，裔錦聲替這兩家銀行完成了許多項目，為公司

職場神隊友
與其等貴人，不如自己當貴人

獲得數百萬的利潤，從而使公司在競爭激烈的亞洲站穩腳跟。裔錦聲也從舒利文公司的一名普通職員，被提升為公司的副總裁。

線上點評

裔錦聲作為一名令人驕傲的女性，她的成功自然有著一段辛酸的歷史。

大學畢業後，為了能夠繼續深造，她赴美留學。但是她又不得不放棄自己原來的英語專業，從事了中文專業。但是命運再次捉弄了她，為了使自己能夠找到一份安穩的職業，她毅然投身於金融業，儘管她不是商學院畢業的，但是她的選擇告訴她是正確的。在舒利文公司，她的優勢得以充分展現。透過努力，這位華爾街的女人叩開了成功的大門。

由此可見，一個人在選擇職業時的變與不變，不能一概而論，應當根據不同的情況而定。一個人竭盡全力去做一件事而沒有成功，並不意味著他做任何事情都無法成功。因為他可能選擇了不適合自己天性的職業，這就註定難以成功。

職場中有半數的人從事著與自己的天性格格不入的職業，而做自己的天賦所不擅長的事情往往會徒勞無益，因此失敗的例子數不勝數。在職業生涯的選擇方面，要揚長避短。你的天賦所在就是你擅長的職業。西德尼·史密斯說：「不管你天性擅長長什麼，都要順其自然，永遠不要丟開自己天賦的優勢和才能。」

當每一個人都選擇了適合自己的工作時，這就標誌著人類文明已經發展到了至高境界。只有在職場上找到了適合自己的位置，工作才

有可能獲得理想的成功。就像一個火車頭一樣，它只有在鐵軌上才是強大的，一旦脫離軌道，它就寸步難行。

專家提醒

很多職場人士或許這樣問：什麼是一生的職業？我一生所要從事的職業應該是什麼呢？

如果你的天賦和內心要求你從事繪畫工作，那麼你的優勢就是當一個畫家。如果你的天賦和內心要求你從事醫學工作，那麼你就做一個醫生。堅信自己的選擇並進行不懈的努力，你就一定能夠成功。但是，如果你沒有任何內在的天賦，或者內在的呼聲很微弱，那麼，你就應該在你最具優勢的方面和最好的機會上慎重地做出選擇。

職場神隊友

與其等貴人，不如自己當貴人

第二章 亮出你的優勢來

你到底了解自己有多少

⅍ 主題連結：了解自己

　　一個人最不了解的其實是自己，我們只了解自己的欲望，不了解自己的本性；只了解自己的所缺，不了解自己的所有；只了解自己的容貌，不了解自己的本質。為此，我們要改變現狀，就要學會認識自己。

　　如果要使我們自己在職場中感到安全可靠，我們必須運用思想去了解自己和別人。正如我們要在工作方面培養一種技能才能賺錢謀生，我們在思想方面也要成為一種技工才行。我們在人生工作中的部分是去了解自己和他人，諒解自己和他人的錯誤，避免消極情緒，專心致志於我們的優勢方面。

「壞小子」當經理

- -

　　小丁小時候在一家體育學校學過武術，後來他上了一所知名高中。學測那年，儘管小丁非常努力，但還是落榜了。從此，他的心情變得非常沮喪，整天無所事事，心煩了就上街和人打架，發洩自己的苦悶，成了人見人怕的壞小子，就連當地的小流氓也很怕他。

　　一天，小丁去某公司遊蕩，恰巧該公司正在禮堂舉行報告會，於是小丁就立在門口，聽了起來。在聽的過程中，小丁無意間聽到了該

47

職場神隊友
與其等貴人，不如自己當貴人

公司總經理的報告：「我們每個員工都有自己的長處，要想成就偉業，你就得認識自己，善用自己的長處……」小丁也越聽越有精神。

散會後，他找到了這位總經理，滿臉沮喪地問道：「您說每個人都有自己的長處，可我為什麼沒有啊？」這個總經理了解了小丁的一些情況後，笑著說：「你身上也有別人沒有的長處啊。」小丁不明白。總經理接著說：「能打架也是一種長處啊，只看你用來做什麼。如果你把它用於打擊罪惡，懲治犯罪，那你就實現了你的人生價值，甚至能成就一番事業呢！」聽完總經理的點拔，小丁終有所悟。

於是，小丁加入該公司的保全部，成為一名保全。在公司裡，他表現突出，因屢次勇鬥盜匪而挽回公司大量的財產。一年以後，總經理就提拔他為公司保全部的經理。從此，小丁對這份工作更加兢兢業業，他的職業生涯也一路順暢起來。

轉行後的痛苦
● ●

高嵐從大學畢業後進了一家企業，這家公司規模很大，歷史悠久，在世界上也很有名，福利、待遇、薪水都不錯；缺點是分工太細，流動性差，紀律太多。千篇一律的制服和單調的工作使她感覺到自己離原來的夢想越來越遠。在上大學時，高嵐一直嚮往做一個有優越感的、工作獨立的外企員工。所以，幾年來她一直在為找這樣的工作而努力，後來終於如願以償了。

高嵐在一家大型外資公司實現了這樣的夢想，但是從踏進外企的第一天起，上司的刁難、同事的冷漠、工作的壓力都讓她心灰意冷，幾次委屈得落淚。加上工作路途遠，無法正常上下班，總也不能適應

環境，心情鬱悶，使她感覺一下子老了很多。她每次想到原來的公司和同事，眼圈禁不住發紅，上班成了煎熬，現在她已經不想做了。她總在想：為什麼人總要到失去的時候才知道可貴？輕而易舉放棄了原來那份多少人想要的工作，為的僅僅就是那個虛幻的白領夢嗎？自己實在太魯莽太衝動了，太高估自己了，太自不量力，現在回頭才發現自己不是個適合闖蕩的人。

　　現在高嵐已離開了那家外企。透過這次選擇使她看清了自己，也擺正了自己的位置。薪水的多少、工作環境的好壞都不重要，最重要的是認識自己。人是不可能什麼都得到的。

線上點評

　　故事一中，小丁在常人眼中是個到處打架的「壞小子」；而在那個總經理看來，打架也成了他的專長。在總經理的鼓勵下，小丁能夠正確認識自己，善於利用自己的長處，最終成就了一番事業。

　　這裡，我們並不是強調每個人都去「打架」來成就個人理想。我們要告訴你的是：每個人都有自己的優勢，只是你現在沒有發現而已。只要我們善於發現和利用自身的長處，結合自身條件，就容易取得成功。

　　要做一個像小丁那樣的成功者，我們就要認清自己的優勢和不足。有時候，當一件事情發生在別人身上時，我們很容易看到它的利弊；如果是發生在我們自己身上，那就難說了。也就是說，我們了解的往往是別人，而不是自己。因此，你要花一點心思了解一下真實的自己。

職場神隊友
與其等貴人，不如自己當貴人

故事二中的高嵐就是因為沒有真正認識自己，一心只想做白領，卻被轉行後的痛苦所束縛。最後她花了心思去了解真實的自我，才使她擺脫了這種痛苦。

事實上，職業選擇是為了尋找一個最適合自己的職位，從而發揮自我價值，有所作為。所以職業選擇一定要慎重、認真，本著對自我發展負責的態度，既不要像高嵐那樣高估自己，也不要像小丁那樣低看自己，要及時確定自我努力的方向。一旦工作確定就要認真做一段時間，知道自己的斤兩，自己力不勝任的職位即使待遇再誘人也別去。如果沒有明確定位，結果在哪裡也扎不下根，只能毀掉自己的前程。

專家提醒

我們要真正認清自己、正視自己是不容易的。有時候，我們認不清自己的長處，以為自己廢料一塊；有時候，我們又認不清自己的短處，總以為自己無所不能；更讓人可笑的是，有時候我們認清了自己，卻不能改變現狀，仍舊在原路徘徊。

這裡提醒你：遇到這種情況，我們就需要靜下心來，問問自己真正的愛好是什麼，有哪些長處值得發揚，有哪些缺點應該改正。每天抽出一段時間反省自己，定能受益終身。

你要改變現狀，儘管你現在很安逸

☒ 主題連結：改變現狀

一個人如果滿足於現狀，不思進取，他是可悲的！這樣，他就會

對人生中更偉大、更美好的事情毫無興趣！當一個人滿足於現有的生活和工作，滿足於現有的思想和夢想，滿足於現有的性情和追求時，他的優勢會逐漸消失。

職場中最可悲的事莫過於一些雄心勃勃的職場人士，原本滿懷希望出發，卻在半路上停了下來。他們滿足於現有溫飽的生存狀態，漫無目的、毫無追求的在職場上浪費自己的才華。

一個滿足於現狀的人，對生活是不會產生任何更好的想法，擁有更美好的願望的。他根本不知道：正是永不滿足才造就了人類那些偉大的精英，只有進取心才會促使我們改變現狀，只有永不滿足的激情才會激勵我們追求完美。

職場故事

高級藍領的經歷

這一年，楊名坤從偏遠的鄉下考入了大學機電系，全村人對他寄予了殷切的希望。畢業後，他在一家機械學校任職。起初這裡的工作讓他很滿足，但是時間一長，他越來越心煩。因為一切都是那樣的平淡，毫無激情可言。

一天，同班好友周召來找他說：「在學校教書太枯燥了，我們還是出去闖闖吧！」就這樣，在周召的鼓動下，兩人結伴參加了六場人才交流會。一個多月後，兩人還沒找到理想的工作，周召失望的返回了老家，在縣政府做了一名公務員，而楊名坤不想輕易放棄就留了下來。

職場神隊友
與其等貴人，不如自己當貴人

一次，楊名坤在報紙上看到一則報導——勞動力資源雖然豐富，但生產一線的技術工人奇缺。隨著國際資本的大量湧入，匯集了許多國際知名的製造企業。技能型高級人才，也就是人們通常所說的「技術藍領」，已出現斷層現象。高級技工的工資往往比研究生還高，另外還有住房補貼、交通補貼等。

看完這篇報導後，楊名坤開始聯想起自己的求職經歷，最後他果斷做了決定——做技術藍領，既可以鍛鍊自己的實際工作能力，又能獲得豐厚的收入，何樂而不為？於是，楊名坤成了一家模具公司的模具技工。

這種行業要求十分嚴格，楊名坤雖然具有系統的機電專業知識，但沒有實際工作經驗，也沒有相關證件，只能做師傅（熟練技工）的助手，做些輔助性工作。在實際工作中，楊名坤感覺到了技術的重要性，儘管自己各方面的待遇很低，但是他還是努力壓制著自己偶爾出現的失落、不平衡心理，虛心地向那些熟練技工請教。經過一年多的磨練，楊名坤熟練地掌握了整套生產工序，掌握了精湛的手工工藝操作技能，鍛鍊出了較強的生產指揮協調能力。

終於，楊名坤被公司任命為模具組組長，負責組織實施模具裝配環節的工作，每月的工資增加了。模具裝配這道工序對技工的經驗和實際操作技能要求十分嚴格，稍有不慎，就會造成重大的經濟損失。楊名坤感覺責任重大，工作更加努力。同時，他在工作中總結了大量的經驗，並累積成書，這使他的工作能力又有了大幅度提高。

公司裡有不少機器是從德國引進的，而楊名坤是學英語的，這對於他來說，就連德國的機器說明書都看不懂。他認識到了這一差距

後，就利用業餘時間主攻德語，漸漸能夠流利的用德語交談了。

半年後，公司從德國引進的一台精密機床發生了故障，公司裡的幾個技工怕擔風險，藉故推脫修理。正在出差的楊名坤知道情況後，趕回來主動要求修理。楊名坤透過大量的研究，花了五天時間檢修，終於發現並校正了機器的設計誤差，僅僅更換了一塊電子晶片就解決了問題。德國公司知道這一情況後，馬上派人來驗證，楊名坤用流利的德語和專家交流技術問題，發表了許多獨到的見解，德國專家吃驚的瞪大眼睛，由衷讚嘆：「真棒！」

透過這次故障排除，楊名坤精湛的技術贏得了公司老總的青睞，他被晉升為模具部部長，成了公司的高級管理人員。但是楊名坤並沒有滿足於現狀，年底，他參加技能考試，獲得了高級技工的證書，最終成為了一名高級技術藍領。

楊名坤的辛勤工作最終得到了回報，他成了公司的技術骨幹，公司給他免費配置了一套公寓。公寓是公司統一為技工們修建的，其他高級技工，根據技術級別不同，分配的公寓面積略有差異，但整體風格是一樣的。

為了擴大發展，模具廠需要招聘十二名技術工人。在大學生就業招聘會上，有一千兩百多人前來應聘此職業，其中有本科學歷的應聘者就占了百分之八十以上。作為技術主管，楊名坤和人事主管一起，優選了十二名理工科畢業的大學生。

同年三月，三十多家知名企業和人才交流中心召開了一次人力資源研討會。楊名坤等九名來自生產第一線的技術藍領，就自己的就業經歷、工作體會等，和現場知名人士做了深入交流。

職場神隊友

與其等貴人，不如自己當貴人

　　同時，另一家電器公司的董事長也在會上發表了演說，他說：「我們企業特別歡迎『眼高手低』的技術型人才，但不是好高騖遠的『眼高手低』。『手低』就是願意著手從最基層做起，解決工作上的問題；『眼高』就是指技術精湛，具有遠見卓識。現在，有些大學生『白領情結』很濃，他們忽視了一個很現實的社會狀況──『技術藍領』的發展空間十分廣闊。」

　　「製造業的普通技術人員和普通管理人員並不缺，缺少的是技能型『高級藍領』。像我們公司，要想招一百個大學生，一天就可以招滿。可是去年八月，我們要招聘十個高級技工，三個多月也沒招到合適的。在其他著名企業，也存在同樣的問題。我們公司現在每年都要拿出巨額資金培訓技術藍領，我們十分歡迎懂技術，願意扎根生產第一線的大學生加盟。」

　　在交流會上，楊名坤也不無感慨的發表了自己的看法。他說：「現在企業越來越歡迎能夠在實際工作中發揮才幹的人才。即使你擁有滿腹學問，也要將知識轉化為勞動成果才能產生社會效益和經濟效益。當然，大學生畢業做藍領，還有一個思想轉變的過程。」

線上點評

　　楊名坤大學畢業後在學校教學本來是一份十分不錯的工作，但是他並不滿足於現狀，他需要的是更高的挑戰。儘管他是從一名普通工人做起，儘管他在工人堆裡出類拔萃，但是他還是沒有放棄更高遠的目標──做一個高級藍領。如果當初楊名坤只想做一名普通工人，沒有更遠的追求，他就不會有現在的成功，他就會像他的同學周召那樣

放棄追求。

　　事實上，你期望自己成為什麼樣子，你就會是什麼樣子，如果我們總是期望那些更高、更好、更偉大的東西，並且為之付出艱辛的努力，即使我們的起步很低，我們也一定會達到自己所追求的目標。如果我們的雄心能夠主宰我們的全部思想和行動，那麼這種雄心就很容易變成現實。

　　在職場中，真的有許多能力出眾的人才只滿足於平庸的生活，他們好像對自己力所能及的更高目標無動於衷。他們放任自己，甘願過著平淡的生活，自己的優勢正在以各種各樣的方式白白浪費，但他們安之若素，不為所動，你見不到他們的雄心壯志，看到的只是精神萎靡不振，情緒低落。他們只想順著既定的生活軌道按部就班走下去，像無根的浮萍一樣漫無目標。

　　如果我們只是這樣的話，就會失去向上的力量，那種懈怠和厭倦的感覺就會左右我們，使我們一蹶不振，無法再施展大部分未被利用的潛力，也就不會再創造出什麼成果。但是如果一個人有改變現狀的進取心態和更上一層樓的決心，他就有成功的可能。

專家提醒

　　如果你想改變現狀，就要有更高、更好、更偉大的追求。

　　為了這個追求，你要付出艱辛卓絕的努力，用你的雄心主宰你的全部思想和行動。如果你對現狀不滿，就要有改變自身狀況的意願，擁有挑戰的勇氣。

　　總之，你要做一個追求完美、精益求精、勇於進取的人，就要時

刻檢驗自己的理想，永遠保持高昂的鬥志，努力朝更大的目標前進，將可能性變為現實。

你必須不斷充電，才有改變現狀的可能

⚡ 主題連結：自我充電

在這個變化越來越快的職場中，每個人既有的知識和技能很容易過時，儘管你在別的方面做得會更好，但是你也要改變現狀。只有不斷自我充電，才能更有效發揮你的才能。

事實證明，在知識方面的「自我充電」是成功者的一個重要特徵。在今天的社會裡，文憑雖然能幫你找工作，卻不能保證你在這份工作中一定有成就。如今的社會重視的是能力，而不是文憑，所以你要繼續學習，不斷掌握新的知識和能力。

透過不斷學習，你可以避免因無知滋生的自滿損及你的職業生涯。不論是在職業生涯的哪個階段，學習的腳步都不能稍有停歇，要把工作視為學習的殿堂。你的知識對於所服務的公司而言可能是很有價值的寶庫，所以你要好好「自我充電」，別讓自己的技能落在別人後面。

職場故事

不斷充電的李娜

李娜一直是個精力充沛的美麗姑娘，她喜歡需要動手的工作，她的業餘愛好是藝術和體育。她在上高中時，對大學預備課程沒有興

趣，但是喜歡修理、體育和藝術方面的課程，而且表現十分優異。

她從一家技校畢業後，找了第一份工作——工廠裝配工人，任務是將不同的電子元件裝配在一起。她很快掌握了更加複雜的工作，並成為廠裡幹活最快和品質最好的裝配工人。她還有維修技術設備的天分，當設備出現故障時，經常是李娜讓它重新運轉起來。

兩年之後，李娜依然很喜歡在那家工廠工作，但她卻希望能夠進入薪水較高的管理職位。她意識到這樣的轉變需要掌握更多的知識，於是她參加了社區學院舉辦的夜校。經過四年刻苦的學習，她獲得了學位證明，被提升為工廠主管。這大大改善了李娜的生活狀況，並且使她更有精力和財力去發揮自己的優勢。

不凋謝的花

王碩和張旭大學畢業後一起被同一家公司錄取，並有幸分到同一個部門。年輕人心高氣盛，開始，兩個人互相比較，誰也不甘落後。做了幾年，張旭的工作幹勁鬆了下來，他覺得，在公司只要不出大錯，順著年頭熬下去，早晚都有出頭之日，最不濟也能混上個「副部長」，何必這麼苦學苦幹呢。於是，他開始做一天和尚撞一天鐘，工作得過且過。

王碩則不然，他好像永不知足似的，不斷給自己充電：學外語、學網路、學商貿、學管理……從早到晚，忙得腳打腦後勺。王碩還有一手絕活，他桌子上有個瓶子，常常插著一朵鮮花，頗受辦公室裡的女同事們喜歡。張旭有幾次把這個花瓶請到自己的辦公桌上來，可沒幾天花就謝了，弄得女同事們埋怨他沒有上進心，把花都給「鬱悶」

職場神隊友
與其等貴人，不如自己當貴人

死了。說來也奇怪，自從凋零的花再移到王碩那裡，竟又奇蹟般復活了。同事們說，那是沐浴了王碩那愛心的陽光。張旭當然不信，但思來想去，始終弄不懂王碩這招絕妙的回春之術是怎麼一回事。

一年以後，機關機構改革，局裡人員大幅度精簡，張旭一下子六神無主，身無所長，不知該投向何方。而王碩則成了搶手貨，懷裡揣著英語、電腦、財會、經管等證書，有好幾家公司爭相聘用他。後來，王碩決定去一家電腦公司，張旭繼續等待「分流」。分手時，張旭指著王碩桌上的那個花瓶說：「把它帶走吧，放在這兒肯定又謝啦。」

王碩把花瓶端到張旭的辦公桌上，抽出那枝花，對張旭說：「其實道理很簡單，每天換水時，將最下面的花梗剪去一小截就可以了，因為花梗的一端在水裡容易腐爛，腐爛之後不能吸收水分，花便會凋謝。」

張旭看著這瓶花，頓然醒悟，自己在水裡泡得太久了，怪不得凋零了。不過，既然找到病根，現在剪除也還來得及。第二天，張旭向主管報告，決定去攻讀碩士研究生，很快得到了首肯。臨行前，張旭鄭重的帶上了這瓶花。

線上點評

故事中的李娜和王碩都是不斷充電的積極分子，他們清楚自己要想保持長久的成功，就要不斷為自己充電。而張旭開始並沒有認識到這一點，只是到了危機來臨時，才發現自己的危機，這是值得我們每個人反思的。

知識是無窮的，而社會就像一本巨大的書，需要我們不斷地去翻閱、揣摩。社會生活中的知識是我們一輩子都學不完的。這裡有處理各種人際關係的技巧，有調適心理狀態的藝術……這些都需要我們學習。我們可能在現有的工作職位會做好，但是我們也要改變現狀。即使是我們在學校裡曾經鑽研過的專業，在相對應的工作職位上也未必就能勝任，我們還需要把書本知識和實際工作結合起來，只有這樣才有利於發揮我們的優勢。學習使我們能夠發揮自身優勢，從而邁向成功，實現自己的理想和人生價值。基於這樣的目標，我們就更需要不斷學習了。一個人成功與否、成功大小，全賴其學習與否、學好學壞。

在職場中，從同樣的起點開始工作，有些人能立刻掌握要領而展開工作，但他們往往自恃能力高，放棄了充實自己的機會，結果是退步和失敗。與此相反，那些起初摸不清情況而不順暢的人，如果刻苦學習、多方請教，大多會獲得很大的成果。

許多人起點相同，但是隨著歲月的流逝而逐漸拉開了距離，而且越拉越大，最終別如天壤。這個時候，落後的一方往往把自己的停滯和別人的進步歸之於機遇，但實質上並非他們碰到的機遇有別，而是學習與努力的程度不同。

專家提醒

每個人都清楚學習的艱苦。是的，學習是要吃苦耐勞，但許多人視其為畏途，更重要的因素是沒有養成學習的習慣。如果我們從小就把學習鐫刻在我們習慣的積體電路板上，學習就會成為我們生活中自

然而然的東西，甚至會出現一天未學習就感到不適的情形。

堅持終身學習，與時俱進，這是每個人需要自我提醒的。自我充電既是自我進步的需要，也是一筆划算的投資。在不斷變化的時代中，你要想改變現狀，你要捨得自我投資，並為之堅持不懈，才會讓你的優勢地位更穩固。

不以己之短比人之所長

☒ 主題連結：短處和長處

許多年輕人找工作，特別是剛畢業或即將畢業的大學生，不是根據自己的優勢選擇職業，而是憑著自己的主觀願望去找大的公司、高薪的職位，如果在某方面是自己的弱項，也希望透過這個工作來磨練、彌補自己的弱點。

事實上，每個人都有自己的長處和短處，在你了解自己的長處和短處之後，你應該有一個正確的態度。即要把你的優點和缺點打上自己的烙印，不能因為自己的長處而自以為是，也不能因為自己的短處而妄自菲薄，不思進取，更不能用自己的短處和別人的長處去比較。

職場故事

林芳的苦惱

林芳在一所大學就讀時獲得了經濟學和法學雙學士學位，畢業後在一家大型公司做了兩年的行銷策劃工作，後又重返學校讀研究生。讀研究生期間她在一些知名的刊物發表了五篇論文，連任三期該校研

究生學報的主編，在全國性的創業大賽上兩次獲獎，是該校的優秀學生幹部和優秀畢業生。她的畢業論文發表後，在金融界和智慧財產權界引起很大回響，十幾家媒體進行了追蹤報導。

研究生畢業後，她被分配到一個研究所，僅三個月，因跟上司、同事的關係不好被迫離職。在以後的日子裡，她到處去一些大公司找工作。她想，憑藉自己的實力，一定能夠在國內知名的大公司中嶄露頭角，可是她應聘了幾家公司之後，都因和同事關係不好而離職。

她很苦惱，她每次都試著和同事們好好相處，但都因工作性質而導致失敗，這不僅嚴重影響了她的工作，而且使她陷入了痛苦。她自己認為，和人相處是自己的短處，自己就應在這方面多下功夫。

線上點評

故事中林芳的想法沒有錯，但是她的交際能力並不是長項，她不能總用自己的短處和別人的長處比較，因為這樣很容易抑制她長處的發揮。在職場中，有很多人像林芳這樣，在主流商業文化的影響下迷失了自己。他們總是試圖改變自己，去迎合大眾文化，他們總是試圖彌補自己的短處，只是為了去與別人的長處競爭，這種做法是不可取的。

林芳要想在職業生涯中走穩，就要了解自己的特長和天賦，培育它並進而發展別的長處，也得知曉自己的劣勢和缺一點，虛心加以改進，避免它的副作用。林芳只有擺正了二者之間的關係，並且不論長處、短處，都學會愉快地接受，都帶有自己的特點，才能揚長避短。

可見，每個人最大的成長空間在於其最強的先天優勢方向。成功

職業之道在於最大限度發揮優勢，控制弱點。應該主動出擊，尋求發展自己的優勢領域，而不應該像林芳那樣把重點放在克服弱點上。

專家提醒

根據基本的工作狀態劃分，工作基本上可以分為獨立工作、與別人一起工作兩種。不是所有的工作都是要大家一起來做。因為根據每個人的性格原因，有的人適合與別人一起工作，有的人就不適合。不適合的人儘管透過實踐、學習可以有所改變，但怎麼也改變不了一個人工作時的良好狀態。如果你有獨立工作的能力，為什麼不去選擇一個獨立工作的職業呢？為什麼一定要在職場上以己之短去比人之所長呢？

好酒也怕巷子深

主題連結：主動出擊

當今時代，「好酒不怕巷子深」的古訓在職場競爭中並不適用，等著別人發現會使自己與機遇失之交臂，不如主動出擊。如果你不去創造機會，有了機會也不知道如何去把握，在職場競爭中失敗當然再所難免，你又如何去發揮自身的優勢呢？

所以，你要想在職場中出類拔萃，成為公司的重要一員，讓自己的職位和收入都水漲船高，就必須在競爭中主動出擊，並超過你所有的對手。

第二章 亮出你的優勢來
好酒也怕巷子深

職場故事

別樣的面試

••

　　林麗是剛從大學畢業的學生。在畢業實習中，她了解到一家技術進出口公司經理辦公室需要祕書，但這家公司對職員的國際貿易知識和外語水準有較高的要求。考慮到自己的特長，林麗還是透過熟人，聯繫了與公司辦公室主任面談的時間。

　　這天，林麗在熟人的引導下，叩開了約定地點的門。接待他們的祕書見有熟人，就留他們稍坐，便去請示主任。這時，兩位先生走了進來，拿出傳真記錄單填好，左顧右盼，卻不見祕書回來。林麗主動走上前，看了傳真的要求，對兩位先生說：「看來這份傳真要得很急，我是否可以先幫您發出去？」經同意，林麗拿過需要發送的信件，用筆在上面做了一些修改，然後撥通電話，熟練的將傳真發了出去。在填寫傳真發出記錄時，其中一位先生問：「小姐就是新來的祕書？」

　　「不是，但我希望能來當祕書。」林麗雖不知對方是誰，但是她的回答是十分自信的。　那位先生看了看林麗，又問道：「你為何選擇我們公司？」

　　林麗以同樣自信的口氣告訴眼前這位先生：「我覺得以我的知識和能力足以勝任貴公司的工作，我畢業於祕書及辦公自動化專業。」

　　「你覺得能勝任？」

　　「對，我覺得行，我想我有充分的準備。」

　　「你什麼時候能開始工作？」

　　「如果貴公司需要，我可以馬上開始工作，我希望您能幫助我。」

職場神隊友
與其等貴人，不如自己當貴人

先生笑了，說：「我也這麼想。」

後來，辦公室主任來了，但他與林麗之間的談話，已變得無關緊要了。第二天，林麗便上班了。那位先生是總經理，他看中了林麗的主動與自信。

善於競爭者贏
●●

王宏偉和邵賓從某大學畢業後被分配到一家設計院工作。兩人的工作能力都很強，在各自的研究領域中都出類拔萃。

然而，王宏偉為人敢於競爭並善於競爭。有一天，設計組裡的一位同事讓王宏偉幫忙修一台舊 VCD，由於王宏偉實在太忙，就自己花錢從市場上買回一台同一牌子的新 VCD，並把外殼弄得和要修理的那台一樣，而把舊機器扔進垃圾箱。雖然虧了幾百元，但卻贏得了同事們的好評，為自己的發展打下了一個堅實的基礎。

邵賓卻是一個不懂競爭規則的人，不善於競爭。當院裡為有較大貢獻的職員漲工資時，他認為給他漲工資是理所當然的；當設計組在其他獎勵上照顧其他一些人時，邵賓就以種種理由到院裡反映問題，致使院裡的主管在很多事情上都避開他，在心裡和他產生了隔閡。果然，半年後的一次升遷機會落到了王宏偉頭上，邵賓此時也是後悔不及。

線上點評

在新經濟時代，昔日的「聽命行事」已不再是「最可愛的員工」的模式，今天的老闆根據時下所需，對「最可愛的員工」模式重新設

第二章 亮出你的優勢來
好酒也怕巷子深

計，鑄造出一批像林麗、王宏偉那樣「不必老闆交代，積極主動做事」的新人。

每個老闆都希望自己的員工能主動工作，主動參加到市場競爭中來。對於發個指令，開動按鈕，才會動一動的「電腦員工」，沒人會欣賞，更沒有老闆願意接受。就像故事中的邵賓那樣，最後只會在職場競爭中被淘汰。

職場上競爭無處不在，無時不在，但是在競爭中要注意遵循一定的規則，比如在工作上要精益求精，人際關係要和諧。這樣你在人群中自然能順利脫穎而出，你自然也是職場上的勝利者，因為你的表現已經向你的上司和同事們證明：你的的確確是最好的。

其實，不論對個人的成長，還是對職業的發展來說，競爭都是一件好事，和對手做搏鬥有助於加強一個人的鬥志，提高自身的優勢水準。你不要妄想一個人在鬥爭中輕而易舉獲勝，那不會學到很多東西，只有不斷主動出擊去競爭，才能使競爭精神旺盛起來。

在職場中，作為相互角逐的競爭者，都是各有所長又各有所短，你要想取得競爭的勝利，就必須揚長避短。像打乒乓球，擅長近台快攻的選手，就要盡量占據自己的陣地，發揮這一特長，如果這一特長發揮不出來，就會導致失敗。

另外，你要注意避免與競爭對手發生正面衝突。很多時候我們會將自己的競爭對手看做死敵，為了成為那個令人羨慕的成功者，也許你會不擇手段排擠對手。但可悲的是，處心積慮的人有時並沒能成為最終的贏家，收穫的只是失敗。所以，不論在什麼情況下都請記住：與自己的競爭對手發生正面衝突永遠是最蠢的做法，往往會招致別人

的看低和上司對你的負面評價。

　　不同的人之間，其實很難說誰真的比誰強多少，關鍵在於是否獲得發展的機會，一個人在職場上的成功在很大程度上都是主動出擊的結果。

專家提醒

　　在職場生涯中，也許你想當公司的高層主管，也許你只不過想掙份薪水養家糊口，但不管如何，要實現你的願望，你首先要讓自己有一定的身價，不能讓自己成為一名「企業邊緣人」。上司需要的是能為他提供真知灼見，對全域工作舉足輕重的表現方式。你沒有堅硬的後台做「硬體力」，只有依靠自身的「軟體」獲勝。你所擁有的這些「軟體」一定要是對手所沒有的，這樣才能體現你的優勢。

工作沒有完美，但你必須要有追求完美的意願

⅄ 主題連結：追求完美

　　追求完美會讓我們工作起來很辛苦，似乎永遠看不到終極目標。可是它對職場中的人來說很重要，自我滿足就意味著停滯不前，一旦一個人自以為工作做得很出色了，那麼他就會固步自封，難以突破自我，慢慢的他就會讓自己的優勢萎縮。

　　要想在職場上保持自己優勢長盛不衰，祕訣只有一個，那就是隨時思考，改進自己的工作。

　　公司聘用你來做好工作，但更重要的是，聘用你隨時去思考，運用你的判斷力，以組織利益為前提採取行動。所以，職場人士要時刻

提醒自己，任何工作都有「百尺竿頭，更進一步力的可能。」

職場故事

遭遇「悶棍」後的思考

● ●

李蘭心從理工大學畢業後，已經找了三份工作。前兩份是她自己為了尋求更大的發展空間，志得意滿炒掉老闆之後的選擇。而目前的這份工作是自己經歷了一系列漫長辛苦的過程獲得的，同時公司裡具有優厚的福利待遇和廣闊的發展空間。她想現在至少可以滿足自己的需求了。

但是沒多久李蘭心遭遇了一記「悶棍」。去年她所在的公關部不太妙，或許是整個行業的不景氣吧，整整一午，好幾筆大單都無功而返；業績平平不算，部門內部爭鬥卻日益激烈。公司內部決定裁員，因為公關部原定只有五個人，註定有一人被裁，加上部門經理的空缺，更加劇了內部的鬥爭。李蘭心不想參與到這些鬥爭中，然而，如此情境下，怎容得下李蘭心只求和平不求上進的小小願望？

接到人事部陳經理發的辭退通知後，李蘭心好像當頭挨了一記悶棍，半天都回不過神來。她怎麼也沒有想到，自己辛苦付出一年半，得到的竟是如此不公的待遇。可是有什麼辦法呢？陳經理也為她惋惜，儘管李蘭心工作努力認真，論學歷、論能力、論人際關係、論工作態度，她完全能在公司占有一席之位。但是其他人各有優勢背景，而李蘭心又始終默默無聞，只問付出不問收穫，沒有任何背景靠山，當然被裁掉了。

職場神隊友

與其等貴人，不如自己當貴人

　　這時，人事部給她兩個選擇：一種是她可以再做滿這個月並得到當月工資作為補償，但是要算公司主動辭退她，並記入檔案；另一種是算她主動辭職，但這樣賠償金就沒了。

　　李蘭心考慮了一下，還是選擇了工作一個月再離開。因為，她心底深處那一份不甘心始終沒法消除，一年多的努力無法得到承認與尊重，讓她就算拿了物質補償，也終究心有不甘。

　　為了改進自己，她處處爭取工作的機會。恰逢同事梅梅剛剛聯繫上一個英國客戶，無奈她本人英文太差，只好求助他人。整個公關部，只有李蘭心和另一個同事可以用英文對話，而另一同事手頭已經有兩個客戶了，自然機會就落到了李蘭心頭上。

　　其實這樣的事情以前也有過，只是她沒有認真去把握。但這一次，她小心翼翼，每一次與客戶的電話、傳真、Email，還有電腦裡儲存的所有關於這個客戶的資料，都被她嚴密封鎖。很快，她良好的表達能力和溝通技巧、豐富的談判經驗、對業務的深入了解給了她應該得到的回報，她取得了成功。

　　一星期以後，就是本市著名企業家楊總過來參觀的日子。這家企業原本是李蘭心的同事珠珠跟了很久的一個客戶，臨近簽約的日子，對方還是放心不下，提出要過來看看。一旦同這家企業簽下長期供貨合約，至少半年內全公司可以衣食無憂，所以，老總也格外重視，提前數日就通知下來。珠珠無疑是主角，她負責全程陪同客戶，講解公司情況，解答客戶疑問。

　　李蘭心並沒有放棄這次機會，她默默跟在楊總身後，聽珠珠侃侃而談，同時隨手用筆做著記錄。「這是怎麼回事？」順著楊總的眼光

第二章 亮出你的優勢來
工作沒有完美，但你必須要有追求完美的意願

看去，只見行政部的小安正伏在桌子上哭泣。此時，賓主盡歡的談笑風生陷入了尷尬的沉默，珠珠怎麼也沒想到會有如此意外發生，一時不知所措。

「楊總觀察得真是細緻啊！」大家的眼光齊齊轉向精心打扮過的李蘭心身上。「那是我們行政部的小安，她剛剛接到親人去世的噩耗，一時控制不住……我們公司一向實行的是人性化管理，唯有員工體會到了家庭般的關心和尊重，才能提高企業的忠誠度，才能帶來公司持久的競爭力。所以，儘管上班時間紀律嚴明，但是遇到這樣的特殊情況，公司都會給員工一定的自由空間，即使是面對像您這樣重要的客戶，也必須尊重員工的情感需求。」

隨著李蘭心一臉誠懇的娓娓道來，楊總的眉頭也漸漸舒展開來，換上了贊許的微笑。結果是雙方合作很成功，而李蘭心在老總心中的地位也在漸漸發生變化。

離被辭掉的日子還有十天了，與兩個星期前相比，李蘭心在公司的地位已突飛猛進，儼然公關部的一顆新星。只有她自己明白，若不是遭到被辭退的厄運，自己很可能一輩子也做不出那些驚世駭俗之舉。她的名字，或許永遠只能像泰戈爾的詩句一樣：「天空沒有我的痕跡，但我已飛過。」

而此時，公關部內部有了變化，珠珠的目光中，已經明顯有了敵意；梅梅則根本不和她講話，即使有必須合作完成的事情，也是托他人從中帶話。

「珠珠，這個客戶很重要，也很挑剔，你和李蘭心一起做吧！」那天晚上，公關部的兩大高手被叫到老總的辦公室，聽到這樣的吩咐，

職場神隊友
與其等貴人，不如自己當貴人

彼此都笑了一笑，做出一副合作愉快的樣子。可是一走出門，珠珠就狠狠瞪了李蘭心一眼，隨即迅速離去。

翌日清晨，珠珠上班便收到李蘭心的郵件：「珠珠，我知道你不喜歡我，可是你不知道，再過一個星期，我就要離開了。我早已接到了人事部的辭退通知，只不過我希望不要走得太窩囊，才如此拚命做了一段日子。這可能是我在公司做的最後一單業務，希望我們能真正配合，打上漂亮的一仗，就算是幫我吧，好嗎？你永遠的朋友：蘭心。」

合作的結果得到了老總的讚賞，而客戶簽約的第二天，就是李蘭心正式辦理交接的日子。人事部陳經理的話是李蘭心曾經夢寐以求的：「李蘭心，公司決定不辭退你了。整個公關部在最近一個月內表現非常優秀，為公司做出了巨大貢獻，所以，按照原定的裁員計畫，我們將在行政部辭退一名員工，你將被留下，並暫時代任公關部經理……」

結果出人意料，李蘭心毅然放棄了這一職位，她已經在這段時間裡明白了很多道理：「逆水行舟，不進則退」。在這個競爭激烈的職場中，工作永遠沒有完美的時候，自己必須去不斷改進。在哪裡工作無所謂，只要自己去努力，去競爭，就會有所收穫。

線上點評

李蘭心本身的能力並不差，只是自己甘於平庸過日子，不懂去競爭，不知去努力，導致了被裁的結果。但也就是在她遭遇一記「悶棍」之後，使她認識到了自己的不足。她在短暫的日子裡能夠創造一份又一份輝煌的業績，也證明了她完全有能力做好這項工作。最後，

她儘管放棄了公關部經理的職位，但是她沒有後悔，因為她知道自己的優勢在哪裡。

有了這次經歷，李蘭心明白了一個道理：只有持續不斷改進，工作才能做好。這以後在工作中她經常自問：「自己是否曾經努力了？」然後再不斷進行改善。

從故事中，我們可以得出這樣的結論，工作做完了，並不一代表不可以再有改進。在滿意的成績中，仍抱著客觀的態度找出毛病，發掘未發揮的潛力，創造出更好的業績，這才是優秀員工的表現。

許多成功的職場人士都喜歡問自己：「怎麼樣才能做得更好？」人具有這樣的問題意識，自然能夠了解自己周圍所欠缺、不足的還有很多，這些可能正是公司今後的策略和方法。

一家全國知名企業的老總曾經這樣說：「事實上往往有些員工接到指令後就去執行，他需要老闆具體而細緻的說明每一個專案，完全不去思考任務本身的意義，以及可以發展到什麼程度。我認為這種員工是不會有出息的，因為他們不知道思考能力對於人的發展是多麼重要。」

「不思進取的人由接到指令的那一刻開始，就感到厭倦。他們不願花半點腦筋，最好是能像電腦一樣，輸入了程式就不用思考把工作完成。」所以，想要追求工作的完美，就必須不斷思考改進。

專家提醒

在你對既有工作流程尋求改變以前，必須先努力了解既有工作流程以及這樣做的原因，然後質疑既有的工作方法，想一想能不能做進

一步改善。

　　另外，要經常培養自己一絲不苟的工作作風。那種認為小事可以被忽略或置之不理的想法，正是你做事不能善始善終的根源，它直接導致工作本身的不完善。

　　一個人成功與否在於他是否做什麼都力求最好，成功者無論從事什麼工作，都絕對不會輕率疏忽，因此，在工作中就應該以最高的規格要求自己。能做到最好，就必須做到最好。

第三章 再多一點激情

要對你的工作傾注更多的熱情

Δ 主題連結：熱情

熱情是一種難能可貴的品質，它對於一個職場人士來說就如同生命一樣重要。如果你失去了熱情，那麼你永遠也不可能在職場中充分發揮你的優勢。

憑藉熱情，我們可以釋放出潛在的巨大能量，補充身體的潛力，發展出一種堅強的個性；憑藉熱情，我們可以把枯燥乏味的工作變得生動有趣，使自己充滿活力，培養自己對事業的狂熱追求；憑藉熱情，我們更可以獲得老闆的提拔和重用，贏得珍貴的成長和發展機會。

職場故事

與老闆打交道的大學生

楊少峰在鄉下長大。從小，他看到最多的是貧窮和一些村民為一兩塊錢爭執不下的情景……很自然，他最初的夢便是掙很多的錢來改變這一切。到了國中時，他更確切觸摸到一個詞：企業家！這就是他用燃燒的激情在心中構成的三個大字！

但空有激情和夢想是不可能實現這一切的。楊少峰很清楚自己首先應該做什麼，目前能夠做什麼。他告訴自己一定要考上理想大學，否則一切都只是空談。因為他很清楚，在這個貧困的山溝裡待久了，

職場神隊友
與其等貴人，不如自己當貴人

就可能看不見山外更高的天空。他需要在另一個高度上，把握自己的夢想。

他如願以償考上了理想大學，而且在大學期間，他很快實現了最初設定的許多目標。正如他自己所說，目標應分割成一小段一小段去逼近，否則，空喊口號是沒有用的。

他的大學生活還不到一半，他已成功做了二十多次企業策劃，並為那些活動拉了幾萬元的贊助費。要知道，這對一個在校學生而言，不是一件簡單的事。這時，他的優勢也越來越顯現出來。

三月，楊少峰為系女生部策劃「三八節」系列活動，贊助商是新加坡某食品集團。剛開始，該企業老闆只同意提供食物贊助，不給現金。於是，楊少峰主動出擊，他預先設計了一份傳單，適當誇大該企業的實力，這樣，無形中，與獎品的「小氣」形成強烈反差，先讓對方不好意思。坐下來談判時，楊少峰先下手為強，打消老闆的兩大顧慮：拿了錢不做事和懷疑自己的能力。換句話說。，最好的談判高手，得先替對方想想，而這點，他做到了。然後，他拿出預先準備好的宣傳單，並告訴對方，在校內才分發三十份。

新加坡的老闆問：「為什麼？」楊少峰說：「第一沒經費，不能印太多；第二，獎品太單調，只局限於牛奶等，這與不少很有情調的活動格調上很不和諧，所以很多活動尚未確定。」楊少峰見那個老闆有些猶豫，就繼續說：「學生市場不可小看，全校兩萬學生，每人一天消費十二元點心費，合起來，一天就有二十四萬。更何況，消息已經發了，如果貴公司這時決定不做這些活動或沒做好這次活動，反而會影響公司聲譽。」

第三章 再多一點激情
要對你的工作傾注更多的熱情

那個老闆點了一下頭，然後問：「那你的意思是？」楊少峰說：「再贊助一些現金，用於購買小收音機什麼的，這樣，獎品就很豐富。」楊少峰很清楚，老闆已經鬆口了，那麼其他事就好辦了。老闆又不吭聲，雙眼直盯著楊少峰。就這樣，足足「冷場」五分鐘後，那個令楊少峰敬佩的老闆答應了他的要求。

在大學期間，楊少峰一直背著自己的書包，裡面全是與專業有關的課外書。每週他用近一半時間在校外跑，從打聽公司地址、找老闆到策劃、設計、談判……這當中，就涉及禮儀、應變能力、心理素質、行銷策略等知識，等回到教室裡，再打開書看，一切就變得那麼可親，那麼容易理解。這樣，就不再是單單背書了，而是把書裡的一切變成自己的經驗。

年初，楊少峰為某公司策劃一個招聘廣告，近千人到該公司面試，當時，楊少峰有望成為企劃部兼職經理，可面試時，老闆竟理直氣壯遲到了。這令他十分失望，楊少峰毅然離開了這家公司，他說，在這種老闆手下肯定不快樂。

楊少峰這樣做，也許是為了賺錢，但更重要的是，他是在實踐一個信念、一種理想。他想得很遠，但又十分務實。為此，可能要付出一些代價，可能要背更多的壓力，但是，他的內心充滿著更多的激情與夢想，所有的這些壓力，都難以阻止他前進的腳步。

線上點評

楊少峰——這個背著書包與老闆打交道的大學生，令所有接觸過他的人都佩服。他從小就對自己的將來充滿了夢想。他在不斷的學習

職場神隊友

與其等貴人，不如自己當貴人

和交往中發現了自身的優勢，為了讓自身的優勢得到發展，他對於自己的學習充滿了熱情。他又以一種極高熱情投入到與老闆打交道中，使他的優勢得以充分發揮。

在這個社會中，職場人士承擔著巨大的有形或者無形的壓力。同事之間的競爭工作方面的要求以及一些日常生活瑣事，無時無刻不在禁錮著我們的心靈。於是在種種的壓力和種種的禁錮之後，無精打采、垂頭喪氣和漠不關心扼殺了我們心中對事業的美好的追求，從熱愛工作到應付工作再到逃避工作，我們的職業生涯也因此遭到了毀滅性的打擊。

如果你只把工作當做一件苦差事，那麼你就很難傾注你的熱情；而如果你把工作當做一項事業來看，情況就會完全不同。

當我們在職場中遇到挫折或失敗的時候，我們總喜歡從外界找藉口為自己開脫——比如說競爭太激烈、大幅度裁員等等，而很少會仔細審視一下我們自己。我們總認為無精打采去上班，磨磨蹭蹭去工作，並不是什麼大事情，然而，實際上正是這些讓你的優勢難以得到發揮。

IBM 前行銷總裁巴克·羅傑斯曾說過：「我們不能把工作看做為了五斗米折腰的事情，我們必須從工作中獲得更多的意義才行。我們得從工作中找到樂趣、尊嚴、成就感以及和諧的人際關係，這是我們作為一個人所必須承擔的責任。」

只要把工作當做一項事業來做，把自己的職業生涯與工作聯繫起來，你就會覺得自己所從事的是一份有價值、有意義的工作，並且從中可以感覺到使命感和成就感，從而更充分地發揮自己的優勢。

專家提醒

如何在工作中傾注更多的熱情，使自己的優勢發揮更充分呢？

◆比別人先行一步

徹底改掉總跟在別人後面，做事總比別人慢一拍的壞習慣，在工作中先行一步。比如，當電話鈴響起時，搶先接電話，儘管你知道不是找自己的；當客人或上司來時，最先起身接待；召開會議時，最先發覺該為他人的杯子裡添上茶水等等。反應敏捷、做事勤快、行動力強就是熱情工作的最直接體現。

◆積極主動做事

做事情時不要磨蹭，那會給人消極怠工的印象。把熱情投入到工作中去，你會發現很多問題，主動想辦法解決這些問題，不但會從中學到很多知識，而且還會給上司和同事留下果斷和俐落的印象。

◆走路時挺胸闊步

慢騰騰走路給人的感覺就是無精打采，這種消極情緒不但會影響同事，還會使老闆懷疑你的工作積極性，如此怎麼能熱情工作呢？昂首闊步走路，為自己創造良好的心態，鼓勵自己把全部熱情傾注於工作中，這樣工作起來才會意氣風發。

溝通能夠拓寬你發揮的領域

ⅹ 主題連結：溝通

在競爭激烈的職場上，要想使自己脫穎而出並得到晉升，當然要有實力做後盾；但僅僅有才能和埋頭苦幹還不夠，因為上司看到的可

職場神隊友
與其等貴人，不如自己當貴人

能僅是你的表現情況，缺乏進一步的了解。特別是在規模大、人員多的公司裡，如何使上司對你的才能有更多的了解，讓你的優勢得以充分發揮呢？最好的祕訣就是與上司多做有效的溝通。

與老闆做好溝通，這樣你會擁有更充分的施展空間，你的優勢藉助於這一空間領域會更加茁壯成長，你也因此會在工作中發揮得更充分。

職場故事

老闆的愚兵之計

李壯是一家外企公司的職員，他本身是一個很有能力的人，可是總得不到晉升。看著身邊不如自己的同事一個個升遷，他忍不住去找老闆理論，可是老闆什麼也沒說，只讓他耐心做好工作。李壯沒辦法再等下去，跳槽了。一年後，他成了另一家公司的主管，而且因業務往來與原來的老闆成了好朋友。

在一次公司舉辦的酒會上，他們兩個聚在一起，李壯問老闆：「原來您知道我的能力，為什麼總不肯晉升我呢？」老闆笑了笑說：「我講個故事給你聽，以前有位將軍陷入敵人的重重包圍，士兵們又飢又渴。這時，將軍對他們說：『左邊三十里外有溪水，只有到那裡才有活下去的希望。』於是士兵們幹勁十足，衝破了三層包圍，終於脫了困，但哪裡有什麼溪水？但是將軍知道，若是說我們前面有許多敵人來圍困，士兵們絕不會冒死拚命，這就是愚兵之計。我知道你有很好的才能，但是卻不能提升你的位置，讓你看到外面的世界。因為在同行業

之中，我們公司的收入水準偏低，若讓你看到你的發展前途，你肯定
會跳槽，所以只好委屈你幾年，待公司效益好了，再委以重任，沒想
到你還是走了。」

李壯非常讚賞的點了點頭，因為他也是一位主管，他很慶幸自己
跳了槽，可以規劃自己的工作生涯，可以發揮自己的優勢了，再也不
像以前那樣閉目塞聽。

一語驚醒夢中人

維嘉進入一家公司做主管，老闆很賞識他。儘管薪水不是很高，
但維嘉還是很感激他的知遇之恩，竭盡全力為老闆做事。他除了做好
本職工作外，還自修了行銷教程，幫老闆搞行銷策劃，為公司賺了不
少錢，薪酬也為此翻了數倍。

不久一個部門經理辭職，維嘉理所當然認為他該獲得這個職位，
但結果卻是一個各方面比他都有一定差距的年輕人接替了這個職位。
維嘉的工作熱情頓時低落下來，老闆暗示他不要消沉，但維嘉始終提
不起精神來，整天消極處事。

和他非常要好的一個同事對維嘉說：「你不該這樣！你只是一個打
工的，為了你的薪水，你努力是應該的。你應該找準自己的位置，你
要明白，所有跟老闆的對立行為都是錯誤的！」 聽了同事的勸告後，
維嘉清醒過來，像往常一樣努力工作。一個月後，維嘉獲得了另一個
重要的部門經理職位，而且他在這一領域裡發揮得非常好。

職場神隊友

與其等貴人，不如自己當貴人

線上點評

　　故事一中的李壯因為以前和老闆缺乏溝通，並不了解老闆不晉升自己的真正意圖，但是透過和老闆溝通，他發現老闆並不表態，於是他跳槽了，他也因此當上了主管。在職場中與老闆溝通是十分重要的，至少你能了解自己處在什麼位置。

　　在與老闆溝通之前，你要想想你出色的工作表現為什麼得不到老闆的賞識，是不是老闆根本就沒有注意到你，如果真是這樣，那麼你的功勞很可能是被其他同事搶了去，你就要設法防止別人搶功，與老闆建立聯繫。當一項業務完成以後，你可以主動向老闆報告你的工作情況，與老闆多溝通。當老闆發現了你的才能，你就晉升有望了。

　　但是，如果老闆故意針對你，明知道你能力很強，可就是不升職，這時你多半就要跳槽了。老闆針對人的原因有很多種，可能是對自己不利，也有可能因為你掌握公司太多的祕密不安全，最好的辦法就是找老闆好好談談，委婉表達出自己的態度，若是明智的老闆當時可能就會明白你的意思，但老闆若是不理你，你就應該另尋前途了。

　　故事二中，維嘉剛開始犯了一個很大的錯誤，就是他過早變得消沉。他應該知道，按照一貫以來自己的能力與貢獻，精明的老闆絕不至於讓他獲得低於那個不如他的員工的待遇的。如果他能確定老闆確實不把他放在眼裡，他或許有理由消沉一下，畢竟付出沒有回報是很傷心的事情。可是，在消沉之前他竟然放棄了與老闆溝通的機會，幸好有同事及時提醒他，否則他會失去更好的機會。

　　只要你善於溝通，老闆縱然不能完整說出心中的真實意圖，但總會留下一些蛛絲馬跡的——老闆不能讓員工的努力毫無收穫。

在職場中，員工主動與老闆溝通，是一種有價值的創造性行為，可能是能有所獲得的。同事之間，合作是有的，競爭也存在。錯綜複雜的關係之下，彼此間不定期會出現一些誤會、摩擦或者隔閡，這時候，一定要懂得與對方溝通，溝通可以使雙方加深了解，化解彼此的陌生乃至仇視，最後達成一定程度上的信任與合作。

或許這個道理很多人都明白，就是不願意主動邁出這一步，「憑什麼我要主動」是人們心中一個揮之不去的疑問。那你一定要記住這句話：誰主動，誰受益就更大。

因為，在主動的過程中，你又磨去了一個不必要的稜角，你的優勢領域會拓展得越來越廣闊。

專家提醒

主動與老闆溝通時，要懂得自己的老闆有哪些特別的溝通傾向，這對員工的溝通成功與否，至關重要。

◆與老闆溝通越簡潔越好

你要引起老闆注意並很好地與老闆進行溝通，應該學會的第一件事就是簡潔。簡潔最能表現你的才能。莎士比亞把簡潔稱為「智慧的靈魂」。用簡潔的語言，簡潔的行為來與老闆形成某種形式的短暫交流，常能達到事半功倍的效果。

◆「不卑不亢」是溝通的根本

無可否認，老闆喜歡員工對他尊重。然而，「不卑不亢」這四個字是最能折服老闆，最能讓他受用的。你若在言談舉止之間，表現出不卑不亢的樣子，從容對答。這樣，老闆會認為你有大將風度，是個可

造之材。

◆溝通時老闆和員工是對等的

在主動交流中，不爭占上風，事事替別人著想，能從老闆的角度思考問題，兼顧雙方的利益。特別是在談話時，不以針鋒相對的形式令對方難堪，而能夠充分理解對方。那麼，你的溝通結果常會皆大歡喜。

◆用聆聽開創溝通新局面

在相互交流中，更重要的是了解對方的觀點，不急於發表個人意見。以足夠的耐心，去聆聽對方的觀點和想法，是最令老闆滿意的，因為這樣的員工，才是領導人選。

◆貶低別人不能抬高自己

當你表達不滿時，要記著一條原則，那就是所說的話對「事」不對「人」。不要只是指責對方做得如何不好，而要分析做出來的東西有哪些不足，這樣溝透過後，老闆才會對你投以賞識的目光。

◆用知識說服老闆廣泛的知識面，可以支持自己的論點。

你若知識淺陋，對老闆的問題就無法做到有問必答，條理清楚，而當老闆得不到準確的回答，時間長了，他對員工就會失去信任和依賴。

多付出一點就意味著有責任感

Ⅹ 主題連結：責任感

許多人在走進辦公室的那一刻起，心中就開始琢磨如何討老闆歡

心，如何擺平左右同事，如何盡快升職加薪……但是現實往往令這些人失望，他們渴望得到的東西離他們越來越遠。

作為新人剛進入辦公室，你要明白的第一件事應該是你的工作是什麼，然後你要為這份工作的出色完成努力，並為之付出心血和汗水。但是只完成公司交給你的任務不能叫有責任感，只為了追求晉升和賺錢也不能算是有責任感，一個有責任感的員工能夠創造性的完成工作，對工作要有極高的激情。

很多人只把工作當做賴以生存的手段，而缺少責任感，因此很難真正愛上自己的工作，更不用說在工作中發現自己的優勢了。但是一個人如果不在工作中完善成長，無論如何也無法發現自己的真正價值。

職場故事

努力工作之後

● ●

沈雪在一家國際貿易公司工作。剛參加工作的時候，沈雪很不滿意自己的工作，她經常對朋友這樣說：「我的上司一點也不把我放在眼裡，如果再這樣下去，有一天我就要對他拍桌子，然後辭職不幹。」

她的朋友問她：「你對於那家貿易公司弄清楚了嗎？對於他們做國際貿易的竅門完全搞懂了嗎？」

「沒有。」沈雪不屑一顧的說。

「我建議你先靜下心來，認認真真對待工作，好好把他們的一切貿易技巧、商業文書和公司組織完全學好，甚至包括簽訂合約都弄懂了

職場神隊友
與其等貴人，不如自己當貴人

之後，再一走了之，這樣做不是既出了氣，又有許多收穫了嗎？」

沈雪聽了朋友的建議後，心裡一想也對。從此她在工作中開始認真起來，甚至下班之後，也經常留在辦公室研究商業文書，她因此對這項工作也越來越有興趣了。

半年之後，她的朋友偶然遇到她：「你現在大概學會了，可以準備辭職不幹了吧！」

這時，沈雪對公司的態度已大有轉變了，她說：「可是我發現近半年來，老闆對我刮目相看，最近更是委以重任，又升官，又加薪了，我已經成為公司的紅人了！」

「這是我早就料到的。」她的朋友說：「當初你的老闆不重視你，是因為你責任感不強，又不努力學習；而後你痛下苦功，擔當任務多了，能力也強了，當然會令他對你刮目相看。只知抱怨上司的態度，卻不反省自己的工作態度，這是一般人常犯的毛病。」

反其道而行

李明大學畢業後來到一間公司，這個公司大部分的人都具備碩士或博士學位，李明感到壓力很大。

工作一段時間後，李明發現公司裡大部分人沒有責任感，對本職工作不認真，他們不是玩樂，就是做自己的「第三產業」，把在公司裡上班當成混日子。

李明反其道而行，他一頭扎進工作中，從早到晚埋頭苦幹業務，還經常加班。李明的業務水準提高很快，不久成了公司裡的「頂樑柱」，並逐漸受到總經理的重用，時間一長，更讓總經理感到離開李

明就好像失去左膀右臂。不久,李明便被提升為副總,老總經理年事已高,總經理的位置也在等著李明。

線上點評

　　故事一中的沈雪起初總認為老闆對她不夠重視,這完全是二因為她對自己的工作沒有強烈的責任感,她也因此對工作、對一老闆產生了厭煩的情緒。當她聽從了朋友的勸告再次重新投入到工作中以後,卻發現事實並不是自己所想像的那樣。

　　如果沈雪早對這項工作多付出一份激情,如果她早學會自願做一些沒有人願意做的工作,結果會如何呢?這不但能贏得同事的尊敬,更能夠得到上司的認同和賞識。事實上,這不僅是她,也是我們發現並發揮自身優勢的大好機會,有時候你即使有這份心,也未必有這樣的差事讓你做。所以碰到這樣的自我表現機會時,更應該心存感謝才對。

　　故事二中的李明進入公司後,起初感覺壓力很大,但是不久他發現公司裡大部分人對工作都沒有責任感,他就反其道而行之,對工作兢兢業業,很快就取得了成效。他比沈雪有更高的認識覺悟,他自始至終對工作保持一種高度的責任心,使他的業務水準有了大幅的提高,他因此也得到了自己應該得到的。

　　由此可見,責任感不僅能改變你的工作態度,還能改變你的人生境遇。有責任感的人不會抱怨自己的工作,在他的眼裡,不管是什麼樣的差事,只要自己感興趣,能夠發揮自己的優勢,就應該做好,這樣才能提高整個團隊的效益。

職場神隊友
與其等貴人，不如自己當貴人

專家提醒

責任感是不容易獲得的，原因在於它是由許多小事構成的。但是最基本的是做事成熟，無論多小的事，都能夠比以往任何人做得好。這裡著重提醒一點，對自己的慈悲就是對責任的侵害，必須去戰勝它。

如果你有很強的責任感，能夠接受別人所不願意接受的工作，並且從中體會出工作的樂趣，那你就能夠克服困難，達到他人所無法達到的境界。

擁有一份工作，就要懂得感恩

✗ 主題連結：感恩

感恩既是一種良好的心態，又是一種奉獻精神。當你以一種感恩圖報的心情工作時，你會工作得更愉快，你會把你的優勢發揮得酣暢淋漓。

一位成功的職場人士曾說：「是一種感恩的心情改變了我的人生。當我清楚意識到我無任何權利要求別人時，我對周圍的點滴關懷都懷抱強烈的感恩之情。我竭力要回報他們，我竭力要讓他們快樂。結果，我不僅工作得更加愉快，所獲得的幫助也更多，工作更出色。我很快獲得了公司加薪升職的機會。」

誠然，工作沒有完美的時候，但每一份工作都存有許多寶貴的經驗和資源，如失敗的沮喪、自我成長的喜悅、和善的工作夥伴、值得感謝的客戶等等，這些都是工作成功必須學習的感受和必須具備的財

富。如果你能每天懷抱著一顆感恩的心去工作，在工作中始終牢記「擁有一份工作，就要懂得感恩」的道理，你一定會在工作中擁有更多的激情。

職場故事

「我很快樂」

●●●

鄭潔和湯燦從一所大學畢業後，到一家公司工作。鄭潔是個絕對的樂天派，她屬於那種即使房子被水淹沒，也會大叫「我看見汪洋大海了」的女孩。可湯燦就不同，即使你把天上的星星摘下給她，她也會為把星星放什麼地方而苦惱。

有時同事之間在某個地方碰上，互相問聲你好嗎。湯燦會皺著眉頭說，不太好。其實，她好得不得了，知名大學畢業，她卻為自己考不上研究生苦惱；一進公司就分到了住房，她卻煩惱說住房太小，地段太差，總之她處處都找得出毛病。而鄭潔就不同，她會對每個同事一笑說：「我很快樂」。大家都說，「我很快樂」這四個字，就是她的金字招牌。其實，同事們都知道她並不怎麼好，很小的時候就死了母親，拚了命才考上大學；一直和父親擠在三戶合用的房子裡。記得兩年前，公司分了她一套一室的房子，她立刻跑到辦公室來報喜，陶醉的在原地轉著圈說：「生活真美！」惹得同事們也像吃了喜糖，甜蜜蜜的。

同事們在背地裡常常會議論說，鄭潔就是那個天天吃大蘋果的人，而湯燦則是那個天天吃小蘋果的人。天底下沒有任何一顆心靈會

職場神隊友
與其等貴人，不如自己當貴人

拒絕快樂，而接受消沉，所以每當湯燦愁眉苦臉走進辦公室時，同事們就感覺眼前像出現了一條黑暗的通道，令人壓抑。可鄭潔一進辦公室情況就不同了，她帶給每個人一縷明媚的陽光，讓人輕鬆。有時同事們在外面遇到鄭潔，同事們就會衝她大叫：「我很快樂！」迎來的是她一串清亮的笑聲。「我很快樂」這四個字都快成了她的名字。

在辦公桌的玻璃板下，鄭潔有一句座右銘：燦爛也好，平淡也好，時刻感謝每一天。原來她懷著一顆感謝生活的心，她也就擁有了快樂的生活。

學會感恩惜福

陳靜是一家進出口貿易公司的普通職員，在談到她破例和她的年輕主管被派往國外公司考察時說：「我和他雖然同樣都是研究生畢業，但我們的待遇並不相同，他職高一級，薪水高出很多，慶幸的是，我沒有因為待遇不如人就心生不滿，仍是認真做事。當許多人抱著多做多錯、少做少錯、不做不錯的心態時，我盡心盡力做好我手中的每一項工作。我甚至會積極主動找事做，了解主管有什麼需要協助的地方，事先幫主管做好準備。因為我在上班報到的前夕，父親就告誡我三句話：「遇到一位好老闆，要忠心為他工作；假設第一份工作就有很好的薪水，那你的運氣很好，要感恩惜福；萬一薪水不理想，就要懂得跟在老闆身邊學功夫。」

「我將這三句話深深記在心中，始終秉持這個原則做事。即使起初位居他人之下，我也沒有計較。但一個人的努力，別人是會看在眼裡的。在後來挑選出國考察學習人員時，我是唯一一個資歷淺、級別低

的辦事員，這在公司裡是極為少見的。」

線上點評

故事一中的鄭潔好像天生就是一個樂天派，但是她本身生活並不是很好，可是她願意把快樂分享給每個人。她對生活懷有一顆感恩的心，她用這種感恩的心感染了周圍的同事，使辦公室這個狹小的空間充滿了快樂與溫馨。而湯燦本身條件優越，卻始終抱怨生活的不公平，帶著這樣的態度，她不會使自己的工作充滿激情。

故事二中的陳靜牢記父親的三句話，對工作感恩惜福，使她在以後的工作中盡量發現和發揮自己的優勢。儘管自己的條件相對比別人稍差一些，但是她還是取得了成功。

由此可見，你要始終帶著一種從容坦然、喜悅感恩的心情工作，這樣你會獲取最大的成功。

感恩的心情基於一種深刻的認識：公司為你展示了一個廣闊的發展空間，公司為你提供施展才華的場所，你對公司為你所付出的一切，都要心存感激，並力圖回報。

在職場上，你要喜愛公司賦予你的工作，全心全意、不遺餘力為公司增加效益，完成公司分派給你的任務，同時注重提高效率，多替公司的發展規劃設想構思。

當你遭遇到不公平待遇時，請相信這只是公司管理階層的暫時失誤，甚至是公司對你的檢測和考驗。當公司的某些制度和員工基本利益衝突時，你一定要正確理解這一切，充分相信公司的「智慧」和「眼光」，甚至在公司面臨暫時的經濟困難時，你也要想辦法幫助公司度

過難關。

感恩不僅對公司老闆有益，對其他人也同樣有益，透過感恩，你會發現，感恩是內心情感的自然流露，它會使你更有活力。

專家提醒

無論在任何時候，千萬不要忘了你身邊的人，你的老闆，你的同事。他們是了解你的，支持你的，你要親口說出對他們的謝意，並用良好的工作回報他們，這樣不僅能得到他們更多的信任和支持，為你提升發揮優勢的契機，還能給公司帶來更強大的凝聚力，於你於公司都有益處，何樂而不為呢？

團隊合作能夠增加更多的激情

✗ 主題連結：團隊合作

現代人在工作中往往忽略應有的團隊合作意識，而專心致力於開拓自己的成功之道。但是現實卻往往令他們非常失望，他們的個人英雄主義夢想，往往破滅了，他們的優勢也沒有得到發揮。

就要愛情和友情一樣，合作也是一種必須付出才能得到回報的東西。在通往快樂之門的路上有許多人，你需要他們的合作，而他們也需要你的合作。

在一個公司或一個辦公室裡，幾乎沒有一件工作是一人能獨立完成的，大多數人只是在高度分工中擔任一部工作。只有依靠部門中全體職員的互相合作，互補不足，工作才能順利進行。

職場故事

小男孩的演講

● ●

　　美國「全國收銀機公司」剛剛成立兩年，該公司的業務經理休斯‧查姆斯便發現了他們的財務困難，因為他們的業務代表們心中一直存在著一種消極心態，於是休斯‧查姆斯便召集業務代表，要他們說明他們的問題。查姆斯了解業務代表是公司最重要的資產，而保護這些資產的最好方法，就是採取最徹底的團隊合作制度，只有這樣才能最充分發揮好團隊合作的優勢。

　　查姆斯召集了業務代表並對他們說：「有一些我們的競爭對手，正在發布一些小道消息，說我們公司出現了無法克服的財務危機；還有一些謠言，說我們將削減銷售人員，並裁掉許多業務代表，這些都不是事實。他們在挑撥我們團隊合作的關係。」

　　「你們哪位願意告訴我，為什麼你們的銷售成績會下降？要怎樣做才能恢復在這些謠言出現之前的團隊精神？」

　　這時，一位代表站起來說：「我的銷售成績下降，是因為我負責的那個區域正遭逢洪澇災害，大家的生意都受到影響，沒有人願意購買我們的機器；更糟糕的是，我們的競爭對手採取削價競爭策略，並執行一些使我們無法和他們競爭的計畫……」

　　第二位業務代表的理由甚至比第一位更消極，言詞中充滿了煩惱，並且確信公司快要解體了，他直言不諱地說他正在找其他工作。

　　正當第三位代表陳述時，查姆斯突然站了起來，並揮手要他別再說下去，接著他解釋道：「停止開會十分鐘，休息一下後請仍然坐在座

職場神隊友

與其等貴人，不如自己當貴人

位上。」

他做了一個令人意想不到的舉動，他派人去叫替工廠擦鞋的男孩過來，不管其他人的反應，和這個男孩聊起天來。他結束和男孩的談話之後，便給了他一角硬幣，並宣布這位男孩要為大家演講，並告訴那個男孩不要害怕，他會幫忙的。

「你多大了？」查姆斯問他。

「十二歲。」男孩回答。

「你在這工廠做了多久？」查姆斯繼續問他。

「八個月。」男孩有些不解的回答。

「很好！你擦鞋能賺多少錢？」

「擦一次五分錢。」男孩回答，「但有的時候會得到一些小費，就像你給我的一樣。」

「在你之前，你知道誰在這裡擦鞋嗎？」

「是一位比我大的男孩。」

「你知道他為什麼離開嗎？」

「我聽說他覺得擦鞋無法維持生活。」

「你擦一次鞋賺五分錢，有辦法維持生活嗎？」

「還可以的，先生，我每個星期日給我母親十元，存五元到銀行，留下兩元作為零用錢。」

「謝謝你，」查姆斯回答，「你做了一次很好的演講。」接著查姆斯轉向那些業務代表們：「你們都聽到這位男孩說的話了，現在讓我告訴你們，他那些話的意思。」

「首先，請各位注意，這位男孩現在做的工作，過去是由一位比他

大的男孩所負責的，他們的工作內容相同，索取的費用一樣，服務的對象也相同。」

「先前那位男孩離開了這份工作，是因為他無法靠他的所得維生，但這位男孩，不但能賺到錢，還能資助他的家人。他和先前那位男孩做的是相同的工作，但他卻以一種不同的心態做這份工作。」

「這個男孩具有合作精神，他能夠和我們每一位員工保持一種默契的合作關係。當他工作時，臉上帶著微笑他期待成功，而他也正在邁向成功。原先那位男孩比較冷漠，不善於與我們的員工合作；而且，當他的顧客給他五分錢時，他也不會說聲謝謝。因此，他的顧客不會給他小費，也不會常找他擦鞋，他當然無法賴以維生。」

這時，有位業務代表站起來說：「我明白了！我們之所以銷售業績不好，是因為我們只是接受別人的困難之處，而不是在銷售收銀機，我一直以一種消極心態在銷售產品，我忽略了人與人在關係上合作的意義，這也是銷售成績滑落的原因。我不知道其他人的感受如何，但是我要重回我的銷售區，並且要重新開始。我可以向你保證，你會從我這裡得到訂單，再也不是一些關於困難的抱怨。」

接著大家異口同聲認同那位業務代表的意見，並且承諾要重回他們的銷售區。第二年，是該公司收穫最佳的年份之一。

線上點評

是什麼使「全國收銀機公司」起死回生呢？部門領導人洞察他的員工需要的是什麼。這個例子告訴我們，成功是我們為自己創造的東西，這是任何人都無法竊取的寶貴財產。查姆斯以鮮明的事例，重新

職場神隊友

與其等貴人，不如自己當貴人

點燃了業務代表們對銷售任務的奉獻熱情，並且證明只要願意為自己所追求的目標努力，擁有良好的團隊合作關係，就一定會成功。

雖然查姆斯已察覺到使他的業務代表感到煩惱的原因，但已他還是很聰明的給他們表達自己意見的機會；他知道他和業務代表之間，必須建立起誠實坦白的工作關係，他並沒有懲罰那兩位有勇氣說出心裡話的業務代表，他提供給所有業務代表相同的東西——知道自己能成就什麼。

查姆斯在他和他的業務代表關係之中，加入了積極心態，並影響他們做出同樣的反應。可見，團隊合作只需要很少的時間和努力，就會獲得巨大的成效。知道了這一點也就明白了為什麼有那麼多人，因為不知道團隊合作的重要性，而使自己的生活和事業陷入困境。

在職場中，作為一個工作中的個體，只有把自己融入到整個團隊之中，憑藉整個集體的力量，才能把自己所不能完成的棘手問題解決好。

當你來到一個新的公司，你的上司很可能會分配給你一一個難以獨立完成的工作。上司這樣做的目的就是要考察你的、合作精神，他要知道的僅僅是你是否善於合作，勤於溝通。如果你不言不語，一個人費勁摸索，最後的結果很可能是死路一條。一個人的成功不是真正的成功，團隊的成功才是最大的成功。對每一個上班族來說，謙虛、自信、誠信、善於溝通、團隊精神等一些傳統美德是非常重要的。團隊精神在一個公司，在一個人的事業發展中都是不容忽視的。

專家提醒

在職場中，怎樣加強與同事間的合作，提高自己的團隊合作精神呢？

◆善於交流

同在一個辦公室工作，你與同事之間會存在某些差別，知識、能力、經歷的不同造成你們在對待和處理工作時，會產生不同的想法。交流是協調的開始，把自己的想法說出來，聽聽對方的意見，只有這樣你才會讓你的優勢得到更有效的發揮。

◆平等友善

即使你各方面都很優秀，即使你認為自己以一個人的力量就能解決眼前的工作，也不要顯得太張狂。要知道還有以後，以後你並不一定能完成一切，不如現在就平等地對待對方。

◆積極樂觀

即使是遇上了十分麻煩的事，也要樂觀，你要對你的夥伴們說：「我們是最優秀的，肯定可以把這件事解決好，如果成功了，我請大家吃一頓。」

◆創造能力

培養自己的創造能力，不要安於現狀，試著發掘自己的潛力。一個有不凡表現的人，除了能保持與人合作以外，還需要所有人樂意與你合作。

◆接受批評

請把你的同事和夥伴當成你的朋友，坦然接受他們的批評。一個對批評暴跳如雷的人，每個人都會敬而遠之。

職場神隊友
與其等貴人，不如自己當貴人

　　一個團隊、一個集體，對一個人的影響十分巨大。善於合作、有優秀團隊意識的人，整個團隊也能帶給他無窮的收益。一個個體要想在工作中發揮自己的優勢，就必須依靠團隊、依靠集體的力量來提升自己。

忠誠是你成功的基石

Ⅹ　主題連結：忠誠

　　忠誠是職場中最應重視的美德，因為每個企業的發展和壯大都是靠員工的忠誠來維持的，如果所有的員工對公司都不忠誠，那這個公司的結局就是破產，那些不忠誠的員工也自然會失業。

　　只有所有的員工對企業忠誠，才能發揮團隊力量，才能擰成一股繩，勁往一處使，推動企業走向成功。同樣，一個職一員，也只有具備了忠誠的品質，才能在自己的優勢領域中發揮得更充分。

職場故事

忠誠的馬芬
●●●

　　馬芬在一家房地產公司做打字員，她每天有打不完的資料，她知道只有努力工作才是唯一可以和別人一爭長短的資本，她處處為公司著想，打印紙都捨不得浪費一張。如果不是要緊的檔，一張打印紙會兩面都用。她的每項工作都體現了對公司的忠誠。

　　就在她全力投入工作的時候，公司運營陷入困境，員工工資開始告急，很多人紛紛跳槽，馬芬也有些猶豫了，這樣的公司將來自己還

能留嗎？她思來想去，覺得公司是有發展前景的，她留下了。

　　人少了，工作量自然要加重，除了打字，她還要做許多其他的雜活，可老闆已對公司的經營失去信心，整天委靡不振。有一天，她走進老闆的辦公室，直截了當問老闆：「您認為公司已經垮了嗎？」老闆很驚訝：「沒有。」「既然沒垮，您就不應該這樣消沉。現在狀況確實不好，可許多公司都面臨同樣的問題，並非只有我們一家。只要好好做，這個專案可以讓公司重整旗鼓。」說完她拿出一個專案的籌畫方案，一個月後，她負責做的專案使她拿到了一千萬元的支票，公司很快又走入了正軌。

　　一年後，她當上了總經理，在給她的員工講話時說：「我從一名打字員走到總經理的位置，有很多人問我是如何成功的。我說一要用心，二要沒私心。現在很多人一面在為公司工作，一面打著個人的小算盤，怎麼會在公司有更好的發展呢？世上有些道理本是相通的，比如，夫妻雙方應該彼此忠誠，家庭才能和順。同樣，員工與公司之間也應該彼此忠誠，公司才能夠發達。」

把信送給加西亞

　　一百多年前，出版家阿爾伯特‧哈伯德創作了一篇不朽的文章──《把信送給加西亞》。這個故事的大概是這樣的：美西戰爭爆發以後，美國必須立即跟西班牙的反抗軍首領加西亞取得聯繫。加西亞將軍掌握著西班牙軍隊的各種情報，可他卻在古巴的叢林裡，沒有人知道確切的地點，所以無法聯絡。然而，美國總統又要盡快獲得他的合作。

職場神隊友
與其等貴人，不如自己當貴人

怎麼辦呢？有人對總統說：「如果有人能夠找到加西亞的話，那麼這個人就是羅文。」

於是一名叫羅文的人被帶到了總統的面前，這是一位十分幹練的年輕中尉軍官。

美國總統把信交給了羅文，讓他把信送給加西亞，而羅文接過信後，並沒有問「他在什麼地方？」就上路了。

一路上，羅文在牙買加遭遇過西班牙士兵的攔截，也在粗心大意的西屬海軍少尉眼皮底下溜過古巴海域，還在聖地牙哥參加了游擊戰，最後在巴亞莫河畔的瑞奧布伊把信交給了加西亞將軍，結果羅文被奉為英雄。

只要你仔細琢磨，就會發現羅文所做的事情一點也不需要超人的智慧，只是對當前工作的無限忠誠。

線上點評

故事一中的馬芬面臨公司的即將倒閉，沒有任何怨言，而是主動鼓勵老闆共同完成現有的工作。由此可見，她對公司是完全忠誠的，在公司面臨困境時，她的忠誠使她成功了。

在充滿競爭的現代職場上，如果一個人失去了忠誠的品質，就失去了最珍貴的東西。只有忠誠對待別人，才能獲得別人的喜愛和信賴。

對於公司來說，整個公司的發展和壯大都是靠員工的忠誠來維持的，只要所有員工像馬芬那樣對企業忠誠，他們就能發揮出團隊的力量。雖然公司面臨著困難，但只要本著一顆忠誠的心，與它一起奮

鬥，縱然失敗，別人也都能理解你的忠心，而且你再去尋找新的就業機會也很容易，因為別的公司需要的也是忠誠的員工。

相反，如果一見公司不行，就立刻跳槽，也許你會自以聰明，其實，在你進入另一家公司時，老闆心中難免會想：若是我的公司陷入困境，他會不會抬腳就走？因此，他也不會對你重用。

故事二中的羅文在接到任務後，沒有任何多餘的問話，他只是知道自己應該去做，而且一定要做好，這不僅源於他的膽識和魄力，更重要的是他對人民始終抱有一顆忠誠的心。

每個人在職場都應該有這種品質。正如在《把信送給加西亞》一文中，哈伯德寫道：「年輕人所需要的不只是學習書本知識，也不只是聆聽他人的種種指導，更需要一種敬業精神，對上級的託付立即採取行動，全心全意去完成任務。我們已經有了這樣一封信。我們的信來自於理想，我們肩負使命，去得到這封信，將成功的福音變成眼前的現實。如果有這種敬業精神，甘願並且有能力為此而行動，如果能把信送給加西亞，那麼這種人必定是我們！」

那些具有堅強性格的人，就是把自己全副身心獻給理想的人，這些人也能忍受苦難，直到最後。而把個人利益放在第一位的人，遲早會半途而廢，成為精神上的「犧牲品」。

當羅文把信送給加西亞將軍時，他表現出堅強和忠誠的品格。而把理想的福音變成現實時，我們又表現了多少忠誠、守信、可靠、獻身、決心和機智呢？

職場神隊友
與其等貴人，不如自己當貴人

專家提醒

　　一個不忠誠的員工即使才華橫溢也不會成功，因為他無法得到老闆的信任，無論是誰都不喜歡這樣的人。這同時也表明：忠於公司、老闆，也就是忠於自己，背叛公司、老闆，也就是背叛自己，最終會走向失敗。

　　作為一名員工，不要忘了自己的角色，你需要為公司爭取利益，而不是為你自己爭利益。只有公司「發達力了，你才會跟著「發達力，萬萬不可越位。有時，公司與你個人在利益上也會發生衝突，這時你千萬不能把公司利益置之度外，因為這會使你的優勢得不到充分發揮，甚至是阻礙自身發展。

第四章 受挫蘊含著轉機

成功本身就是一種心態

⅀ 主題連結：心態

著名的勵志大師曾經說過：「人類最大的天敵在於一種負面的心理定勢，如果你認為自己天生就是一個失敗者，那麼，誰也不能把你改造成一個成功人士。」

其實，在職場中，每個人都可以占據自己的一席之地。我們如果能夠站得高遠一些，不但能夠看到希望的曙光，還能有幸發現人類生命立體的詩篇。每一個人的一生，都是這詩篇中的一個詞、一個句子或者一個標點。

人最大的敵人通常是自己，自己不把心態擺正就是和自己過不去。心態來自內心的精神力量，只有這種力量在工作中得到發掘和發揮，才能自然而然帶動你的優勢向前發展。你不要為受挫而煩惱，你要充分認識到成功本身就是一種心態。

職場故事

第一次打工

曹蘭從一個普通大學畢業後應聘到一家餐館做前廳服務員，每天的工作就是為客人沏茶、上菜，工作雖累點但感覺新鮮充實，因為這是她的第一份工作。

職場神隊友
與其等貴人，不如自己當貴人

有一天，曹蘭和幾個前廳服務員正聊著天，採購員大李開著小貨車回來了，車上是一筐筐活雞。老闆是位三十來歲的青年，黑瘦但精明能幹，他招呼大家把一筐筐的活雞抬

到後院，然後吩咐幾個前廳服務員：「都幫忙去殺雞。」服務員答應著，一個個向後院走去。唯獨曹蘭呆若木雞，傻站在那兒。

曹蘭本身就非常膽小，一聽叫自己去殺雞，心裡七上八下的，左右為難之際，她謊稱去上廁所，躲進廁所不出來了。不多時，雞的慘叫聲從後院清晰的傳過來，嚇得她渾身一陣陣打哆嗦，胳膊上起了一層雞皮疙瘩。突然，她聽見敲門聲：「小姐，幹嘛呢，半天了還不出來？」呀，是老闆！他居然跑廁所逮我來了，肯定是看出了我的破綻！曹蘭暗暗吃驚。

「馬上就來，馬上就來」。曹蘭慌慌張張應著，心想不能開門。一會兒聽見腳步遠去的聲音，老闆想必是走了。這時燙雞毛的味從窗戶飄進來，她覺得胃裡一陣噁心。過了些時間，敲門聲又響起來：「小姐，你沒事吧？」還是老闆，曹蘭把心一橫，乾脆豁出去了，就是不開門！

又過了一段時間，曹蘭聽見外面安靜了，就打開廁所門，老闆竟然就站在門外，臉色青紫！她心想他一定會對我大吼一聲：「你給我走人！」可他一聲沒吭鑽進廁所去了。這時恰好一位服務小姐收拾完雞走過來，她告訴曹蘭，老闆今天肚子痛，因為她占著廁所老不出來，害得老闆騎自行車跑了三次公廁。一會兒，老闆出來了，臉色恢復了正常，他關心的對曹蘭說：「你是不是也不大舒服，我那有藥，趕緊吃，別耽誤了。」

經過這件事情後，曹蘭心裡很不是滋味，做了一段時間，她向老闆辭行。老闆一邊微笑著遞給她薪水，一邊對她說：「在外面做事，是不能嬌慣自己的，你必須以一個強者的面孔出現，否則就可能被別人打敗。」他告訴曹蘭那次她躲進廁所的真正原因他是清楚的。

後來，老闆那句話，成了曹蘭走上工作職位的警鈴，時刻提醒著她在職場生涯中該如何面對每一份工作。

線上點評

恐懼是一種不正常的心態。當人們沉溺在自己的恐懼感當中時，不安全的感覺會隨之飆升到頂點，自然就無力去發現自己的優勢。故事中的曹蘭由於恐懼心態，遇到問題就逃避，這是一種消極的心態。職場生涯中，每個人都會遇到這樣那樣的問題，你必須以一個強者的身份出現，否則你就永遠是一個職場上的失敗者。

毫無疑問，我們生活在一個充滿恐懼的時代，恐懼感會令人停滯不前，而且使人們的潛能無法順利發揮。要克服恐懼心態就要鼓起勇氣採取行動，這樣能夠超越周圍的限制，找準自己的方向，朝著自己的夢想和目標大步邁進。

俗話說，只有想不到，沒有做不到；只要想做到，就能夠做到。而對許多職場中的人來說，卻很難做到這一點。一方面人們渴望事業發達，另一方面卻總是不相信自己能夠擺脫恐懼心理，懷疑自己的能力達不到。他們不相信自己的能力，又非常想過上好日子，這種內心深處自相矛盾的心態，就是一些人未獲成功、向失敗的真正原因。

正是因為我們貧窮的心態，因為我們的恐懼，因為我們缺乏信

心，因為我們沒有過富裕生活的信念，使得我們走向成功的夢永遠都是夢。

成功與失敗往往僅一步之遙，就看我們有沒有成功的心態，有沒有堅持下來的勇氣。

專家提醒

一個人能不能成功，心態至關重要。不要總想像自己的事業可能遇到的坎坷，做一些不必要的抱怨，擔心自己一番努力沒有好的結果。如果腦子裡老是充滿著失敗的念頭，那麼結果葡肯定也不會太好。促使我們遠離成功的不是別的，而正是我們，自己恐懼和懷疑的心態，是我們自己趕跑了自己的財富和成功。

先前的失敗是日後發展的熱身

⅄ 主題連結：熱身

初入職場的年輕人，常被工作中許多不利的因素所阻撓，甚至徹底失敗，這正如登山者常被雪崩、冷的天氣、可預測的風暴所阻撓一樣。在我們登山途中經常能夠看到許多半途而廢者，他們走到一定的程度就停下來，不願甚至害怕繼續攀登，以此來避開逆境。

成功有兩個重要條件：堅決和忍耐。許多職場人士失敗，都是因為他們沒有恆心和忍耐力，沒有不屈不撓、折不回的精神。

一個意志堅定的職場人士有時也會碰到艱難困苦，但他絕不會因此一蹶不振，他會把這些困苦當做日後發展的熱身運動，當熱身之後，他會繼續盯住目標，勇往直前。只要有堅強的意志，一個庸俗平

凡的人也會有成功的一天；否則，即使是一個才識卓越的人，也只能遭到失敗的命運。

職場故事

熱身之後才是真正的賽跑
● ●

于曉雨從一所普通大學畢業，到了一家銀行任職員。用她自己的話說，一所不紅不黑的學校畢業，沒有出眾的外表和顯赫的家世，一切就只能靠自己的雙手去打拚。

剛開始工作不久，于曉雨就迎來了她的第一位客戶。于曉雨微笑著熟練的將她要取的錢給她，似乎手到擒來，並沒有意想中的陌生，這種感覺讓她又多了幾分自信。這一份工作，她已經等了很久。

轉眼間，這樣的日子過了一年。年終的時候，于曉雨拿到了公司最高的獎金。因為于曉雨不僅業績最好，而且在公司的民意測驗中，她的人緣也最好。

但是，年底發生了一件事，使于曉雨的境遇發生了巨大的變化。她在結算時發現庫裡現金和帳目表對不上。要下班了，于曉雨一直在猶豫，主任面帶微笑的催她早點下班。她很想把這件事情處理完，但是銀行是個很特殊的行業，你必須在規定的時間內上下班，否則就是違紀。她走在下班的路上，主任從後面追上她，對她說了一句：「有事不要太認真了，該過就過吧！」

于曉雨愣了一下，忽然明白了主任的意思。交帳的時候，于曉雨還是如實交了上去。結果主任挨了處分，但是由於這個主任背後有人

職場神隊友
與其等貴人，不如自己當貴人

當忙頂著，而且他還及時把虧空的錢補了上去，受到的也僅僅是罰獎金的處分，而于曉雨卻受主任的挑唆而被公司解雇了。

面對失業的現實，于曉雨在家裡認認真真總結了自己的得失，然後發現自己是沒有錯的。想過之後，她又恢復了自信，失業了，明天再去找工作。可是很多事情並不是那麼容易，許多公司不是滿員就是太小，萬不得已之下，于曉雨進了一家大超市做收銀員。堂堂一個大學生居然去做收銀員，有點虧，但也不能小瞧任何一個職位任何一個機會。剛開始，于曉雨的心裡也彆扭，但是想開了以後，她又欣然投入到工作中。

上班後，于曉雨很快擺脫了那件事的陰影，以一種積極的心態投入工作，頗受主管和同事們的歡迎。一天，于曉雨下班的時候，發現收銀台那邊有很多人圍觀。于曉雨走過去一看，原來是一個日本客人要求換發票，而服務員不會講日語。這時候，于曉雨走過去，用自學的一口流利的日語跟他交談起來，然後帶著他換了發票。第二天，經理通知于曉雨到客戶部上班。于曉雨心想，既然有了機會，就一定要做好，說不定我的優勢就在這裡。

就這樣，于曉雨來到了客戶部。客戶部掌握的是一些大的客戶，接受客戶的一些意見回饋。于曉雨剛到這裡，習慣每天找事做，她把一些客戶反映的情況都記下來，積極為他們解決問題。有品質問題該換的就幫他們換，保證讓他們滿意地離開。月底的時候，她再把這些問題一起反映給經理，什麼貨品稀缺，什麼東西即將流行，哪種商品品質不好等等。總之，她的工作和生活都很充實。

但是好景不長，于曉雨漸漸覺得大家看她的眼光有點怪，因為大

第四章 受挫蘊含著轉機
先前的失敗是日後發展的熱身

家一般都很清閒，只有她忙來忙去。她的同事芳芳常常拉著于曉雨去逛街，但是于曉雨都拒絕了。於是，在這樣的堅持中，漸漸的，于曉雨手上有了一大批大客戶，而許多同事卻越來越疏遠她了。

恰好超市要選派一個業務代表到上海去接洽幾個大的供應商。當最終人選徘徊在于曉雨和芳芳兩個人身上後，于曉雨卻突然發現身邊少了點什麼。原來是芳芳再也不找她逛街了，取而代之的是單獨往經理的辦公室跑。而經理見到于曉雨和芳芳，面孔是不一樣的，一份是熱情，一份是冷淡。于曉雨搖搖頭，沒有刻意去挽回。這樣的友情，不要也罷；這樣的公司，不需要過久逗留。

人選結果出來的前一天，于曉雨遞上了自己的辭呈。雖然經理極力挽留，但于曉雨還是微笑著和經理說了一聲再見。她知道，這只是一個過渡時期，雖然工作無貴賤，但是于曉雨有自己更大的夢想。

此時于曉雨心裡明白，既然熱身運動已經做完，那麼真正的賽跑應該開始了。其實于曉雨在大學裡學的專業是法律。從超市辭職後的一個月，于曉雨把她大學時候門門優秀的成績單、英語等級證書、律師證，通通整理出來，她要開始真正的賽跑了。

不久，于曉雨在一家知名的律師事務所徘徊了一陣子，最後她滿懷信心地參加了面試，她說：「正直、仔細、努力、永不妥協和對工作百分之百的熱誠，是我的自信，我可以做一個好律師。」那份自信任誰都會被感動。

結果她如願以償地進了這家事務所。進入事務所的第三個星期，于曉雨接到了她律師生涯裡的第一件案子──一椿刑事案件。案子雖簡單，但是于曉雨還是精心準備，四處搜集證據，了解具體情況，準

職場神隊友
與其等貴人，不如自己當貴人

備得萬無一失。開庭之前，于曉雨一再安慰受害方，然後做出了令所有人動容的控詞。最後，隨著法官莊嚴地宣布結果，于曉雨贏得了她生平第一場官司。而她認為，她的優勢才剛剛得以發揮。

如今，于曉雨已經是當地小有名氣的於大律師了。

線上點評

于曉雨先後換了三個工作，事實上並不是她主觀因素不努力，而是客觀環境造成的結果。但是這種結果並沒有因此打敗她，反而使她認識到這些都只是她為日後獲取成功所做的熱身運動。為了獲取更高的目標，她不會輕易放棄，她堅守自己的本能和忍耐力，向著自己的目標發動進攻。

當一切宣告失敗時，忍耐力總可以堅守陣地。依靠忍耐力，許多困難甚至許多原本已經無望的事情都可以起死回生。正如海爾總裁說：「只要專心致志盯住自己的目標，而且不猶豫、不走神，我看什麼都能做好。就像打井一樣，打到一半深度可能沒有水，這時如果你失去信心，就可能前功盡棄，但只要你堅持下去再深挖一下，這口井就能打成。」

大多數職場人士都因為一時的失敗而放棄了終極目標，只有富有忍耐力的人才會繼續堅持；人人都感到絕望而放棄的信仰，只有富有忍耐力的人在繼續為自己的意見辯護。所以，一個人只要具有這種卓越品質，最終總能獲得收益。

許多職場人士儘管失去了擁有的全部資產，然而他們並不是失敗者，他們依舊有著不可屈服的意志，有著堅韌不拔的精經精神，憑藉

這種精神，他們依舊能成功。他們無論遇到多麼大的骱失敗，絕不失去鎮靜。在狂風暴雨的襲擊中，他們不像心靈脆弱者那樣坐以待斃，而是仍舊充滿自信，因此他們能夠克服在的一切境遇，去獲得成功。

　　對於那些優秀的職場人士，失敗是走上更高地位的熱身運動。許多人之所以獲得最後的勝利，只是受恩於他們的屢敗屢；戰。一個沒有遇過大失敗的人，根本不知道什麼是大勝利。事實上，只有失敗才能給勇敢者以果斷和決心，只有在逆境中能夠堅持到底的人才是最後的成功者。

專家提醒

　　如何正確認識失敗是走上更高地位的熱身運動呢？

　　一，找到真正喜歡的工作之前，熱身是必要的。

　　二，尊重每一份工作，珍惜每一次機會，工作沒有貴賤之分，機會總是很難得，要把握住。

　　三，用樂觀的心態去對待人和事。不計較小事，計較小事就無法成就大事。

　　四，正直，這是工作的根本，也是做人的根本。

　　五，要有永不妥協的精神。

學會展示自己

ⅹ 主題連結：展示

　　時代在不斷發展，市場規模也在不斷擴大。很多公司在各地設有辦事處或分公司，並且那裡的條件都比較艱苦一些。所以，被公司

職場神隊友
與其等貴人，不如自己當貴人

「流放」外地是很多人都不願面對的事。

其實，到分公司工作也是一個絕好的機會：上司少，耗在請示彙報上的時間少，環境也相對單純，有利於自己的優勢發揮，外派人員「洄游」到公司後，老闆都要見見他，聽聽他彙報工作。而能經常找老闆彙報工作，是一個人受賞識和重用的前奏，這是很好的發展機會，一定要善於把握。

職場故事

被流放後
• •

馮貴和張甯同在一所大學上學，畢業後兩人又同時應聘到一家大型銷售公司。在錄用時，馮貴面試得了第一，而張寧只是第五名，進入公司後，馮貴也確實比張甯更有機會得到賞識和提拔。可不久發生了一件事卻徹底改變了這種局面。

由於工作的原因，公司決定下派馮貴和張寧去分公司工作。任命一下來，馮貴就不高興了，因為分公司僅是公司租的兩間辦公室，辦了三年還是慘澹經營，條件極差，到那裡去簡直等同於流放。於是，馮貴去找老闆，想為留下做最後的努力，但他卻被老闆轟了出來，緊跟著不滿的怒斥：「人家張寧二話不說就去了，你小子卻來講條件？」

就這樣，兩人到了分公司，馮貴看到分公司這樣，心裡更是淒苦，天天借酒消愁，十分頹廢。分公司本來業務量就少，馮貴又不願意幹，整日趴在那台破電腦上上網聊天，無所事事；而張寧卻到處聯繫業務，並不斷向公司彙報這裡的業務量。

在年終總結大會上，公司的全部業務骨幹參與了，馮貴聽到了一個石破天驚的任命：張寧被提升為市場部經理，年初就回總公司任職。馮貴現在才知道，張寧在分公司做了很多有效的調研，使分公司的業務量和業務領域擴大為原來的兩倍。老闆說下派員工是最能考驗一個人的時候，一切只有靠責任感和對事業的熱忱，才能做得完美。張寧在一年當中利用各種機會回總公司十多次，與老闆面談他的「宏偉計畫」十餘次，順理成章與老闆通電話二十多次，說他的行銷推廣構思……

可見，下派給了張寧直通老闆的表現理由，他利用「趨光洄游」的機會，使自己從暗處走向光亮的地方，把自己適時地標價為「金子」，並得到了老闆的認可，而原來很優秀的馮貴卻錯失良機，追悔莫及。

線上點評

原本優秀的馮貴，因為被「流放」分公司而懊惱，從而放棄主動展示自己的機會。而張寧卻藉助「流放」，及時發揮自己的優勢，主動展示自己，使自己被公司提升為市場部經理。

在職場裡，你可能會發現這樣一種現象：一些能力不如你的同事，他們升職加薪的速度都比你快，他們深受上司的器重，常常被委以重任。

這是為什麼呢？就是因為他們懂得展示自己。

在現代社會，職場中人要有展示自己的意識，否則，即使有再好的才華和能力，也有可能被埋沒。因此，平時在工作中你要注意把自

職場神隊友
與其等貴人，不如自己當貴人

己的能力展示給別人，如口齒伶俐，優秀的表達技巧，領導才華，思考縝密，計畫周全，是管理方面的優秀人選一等。要盡量用事實向上司、同事證明你具有超人的能力，能夠勝任包括當前工作在內的多種工作。

假如你有驚世之才，但不懂得表現，那就等於自我埋沒；同樣，有上佳的才幹卻得不到別人的注意和賞識，也是枉然。

你需要的就是主動展示自己。古時候都有「毛遂自薦」，何況在有著現代觀念的今天。在現代職場，自己的命運自己去開拓，正是一種時尚。

人往高處走，水往低處流力，沒有人希望永遠居於他人之下，誰都希望自己的事業能夠獲得成功，能夠得到上司的賞識，贏得同事的認同，相信這也是你的願望。但別人不可能無緣無故地注意你，那麼你就應該主動出擊。

專家提醒

展示自己的方法有很多：

一，當上司提出一項計畫，需要員工配合執行時，你可以毛遂自薦，去充分展示你的工作能力。

二，擔當瑣碎的工作時，你不必把成績向任何人展示，給人一個平實的印象。當你有機會承擔一些比較重要的任務時，不妨把成績有意無意顯示出來，增加你在公司的知名度。

三，在衡量工作重要程度時，把可以令上司注意的項目排在最前面，因為上司一般並不重視瑣碎事務的成績。只要合理安排工作的

順序，向著目標奮勇前進，就不難脫穎而出，獲得上司的青睞。

四，對於一些上司，你不一定要絕對服從。不是所有的上司都喜歡逆來順受的員工。特別精明強幹的上司，會對那些略有「反叛」但為公司利益著想的員工產生好感。

五，千萬不要令上司對你產生同情之心，因為只有弱者才讓人同情。如果上司同情你，表明他對你的能力產生懷疑。無論什麼時候，在上司面前都要保持一貫的精神狀態，這樣他會不斷交托給你更重要的任務。

六，讓上司知道你是一個對工作十分投入的人，不僅如此，你還要嘗試用不同的方法提高工作效率，使上司對你形成一個深刻的印象。一個靈活不死板的人總會引人注目。

臨時受命是挑戰，更是機會

☩ 主題連結：臨時受命

在職場中，當接受一項臨時性的工作任務時，你要仔細審度，再估量自己的實力，量力而行。如果覺得自己完成不了，要大膽和主管交流，並且說明自己對這項任務的見解以及在哪些方面存在困難，明確表明自己不能接受的原因，這樣會讓自己進退自如。

但是，如果事情在盡自己最大努力的情況下可以辦到，那麼還是接受為妙。因為平常固定流程的工作沒有什麼表現的價值，只有在臨時受命時，才會體現你的優勢。不要因為一點點挫折而煩惱，這其中蘊涵很大的機會。

職場神隊友
與其等貴人，不如自己當貴人

如果你接受了臨時任務，那麼你就獲得了一次表現自我的機會，也迎來了一場面對困難的挑戰。不過在你權衡利弊後，你應該有很大的勝算，只要努力就很有可能受到主管的青睞。

職場故事

借花獻佛
●●

張影在一家公司的銷售部任職三年了，卻一直得不到升遷，因為她的另一個同事——柳葉的表現一直為主管所賞識，她根本就沒有表現的機會。確實，柳葉不僅人長得漂亮，氣質好，而且會說一口流利的英文，國外的幾個大客戶只有她能夠擺平。

張影雖然自認為能力也不差，有一張很具親和力的笑臉，頭腦反應也特別敏捷，但是幾年來一直同國內的一些小客戶打交道，根本就發揮不出她的優勢。

週四晚上剛好國外有一個大客戶要來洽談，而柳葉又病了，主管急得像熱鍋上的螞蟻，這麼多銷售員沒有一個敢去。張影覺得這是一個表現自己的好機會，可是自己的英文好久不練早就生疏了。張影想起來還有一個老同學可以幫忙。她可以因此來個「借花獻佛」，雖然有點困難，但憑著自己的機智應該能夠應付得了。於是她主動向主管表明自己能承擔這次任務，主管高興極了。

星期四晚上，在洽談時，張影找來了老同學當翻譯，幫著她和客戶進行溝通。張影察言觀色，發現客戶的公司貨源十分緊缺，於是提價三成，客戶沒辦法只好答應。張影又說看在是老客戶的面子上，只

提價兩成，客戶感激不已，於是她為公司多賺了上百萬元。主管知道了她的能力，以後對她越來越看重了。

向和尚推銷梳子

一家大公司決定進一步擴大經營規模，高薪聘請行銷主管。廣告在網上一打出來，報名者雲集。面對眾多應聘者，人事部主管給出一道實踐性的試題：想辦法把梳子盡量多賣給和尚。

面對這一看似荒唐的試題，絕大多數人都走了，只剩下了吳宏和徐鐵兩人。人事部主管對剩下的兩人交代：「以半個月為限期，屆時你們倆將銷售成果向我彙報。」

半個月之後，人事部主管問吳宏：「賣出多少？」吳宏不好意思的說：「只賣了一把。」「怎麼賣的？」吳宏講述了歷經的辛苦以及受到眾和尚的指責和追打的委屈，好在下山途中遇到一個小和尚一邊曬太陽，一邊使勁撓著又髒又厚的頭皮。吳宏靈機一動，趕忙遞上了梳子，小和尚用後滿心歡喜，於是買下一把。

人事部主管又問徐鐵：「賣出多少？」徐鐵回答：「一千五百把。」主管驚問：「怎麼賣的？」徐鐵說他到了一個頗具盛名、香火極旺的深山寶剎，那裡朝聖者如雲，來往的遊客絡繹不絕。徐鐵對住持說：「凡來進香朝拜者，多有一顆虔誠之心，寶剎應有所回贈，以做紀念，保佑其平安吉祥，鼓勵其多做善事。我有一批梳子，你書法超群，可先刻上『積善梳』三個字，然後便可做贈品。」住持大喜，立即買下一千五百把梳子，並請徐鐵小住幾天，共同出席了首次贈送「積善梳」的儀式。得到「積善梳」的施主與香客很是高興，一傳十，十傳百，

朝聖者更多，香火也更旺。住持還想托徐鐵購買更多的梳子呢！

線上點評

很多時候，老闆交給員工一個新的任務，員工出於對新任務的陌生，在接手之初，往往會感到無所適從，感到這個任務很難，從而有著畏懼心理。但是故事一中的張影和故事二中的徐鐵卻充分利用智慧發揮自己的優勢，並取得了很好的業績。而吳宏儘管接受了任務，卻沒有發揮創造性的思維，白白錯失了機會。

其實，老闆交給下屬要完成的任務不可能是隨便給出的，在給出任務之前一定是對員工能力、任務難度有過一番考察。不可能完成的任務不是沒有，但是很少，這時就要仔細估量自己的實力。但是絕不能因為有點難度，就輕言放棄；也不要因為貪功，就盲目接受。只有正確估量自己的能力，分清事情的難辦之處，才能為自己帶來時來運轉的機會。

就像故事二一樣，許多看似高難的事情，並不是沒有可解決的辦法，甚至可以解決得很好。和尚沒有頭髮，不必使用梳子，但是要把梳子賣給和尚，並不意味著便是衝著和尚梳頭去的，因為頭皮癢的和尚可能不是太多。

徐鐵卻打破了賣給和尚梳頭這個理念的「瓶頸」，成功運用了公關手段，讓所賣梳子成為寺院搞公共關係所用的禮品，結果賣出了很多。許多看來高難的事情，細經推敲，總是可以找出解決的途一徑。你要記住臨時受命是挑戰，也更是機會。

專家提醒

老闆需要更出色的員工，常會出點難題來考核、提拔他的員工，而能力就是在高難任務壓迫與細緻思考之下提高的。一個人如果總是抱著「多半是做不好的，何必浪費精力」的想法去對待臨時受命的任務，那麼我們可以判定這個人是沒有多大前途的。這個人面對難題就縮手，能力就只能永遠停止於目前這個水準。

這裡著重提醒職場人士，假定老闆給出十個難題，你努力去做了，哪怕只做成了兩三件，那麼在解決這兩三個難題的過程中，你的能力也將得到很大提升。

另外有一點要肯定的是：如果老闆向一個員工給出艱難任務，多半是想升他的職或加他的薪水了。這正是表現的好機會，不可錯過。

在危機中尋找轉機

ᚼ 主題連結：轉機

許多職場人遇到工作中的危機時，往往變得消沉，或許說出「我完蛋了」之類的喪氣話，否定自己的未來。而真正的職場勇士卻與此相反，他們越是這樣的時候，越要把發生的一切事情向積極的方向去設想，在危機中找出轉機，並走向成功。

任何職場上的成功，都要遭受阻礙，關鍵是你能否在工作上重新定位。一扇窗子關閉了，另一扇窗子為我開啟，過去所有一切的結束，正是一個新目標的出發點，這條路不適合我去，所以上帝指示我向另外一條路前進。

職場神隊友
與其等貴人，不如自己當貴人

你要清楚，在工作中，受到挫折而感到「完蛋了」之時，正是你站在一個新起點的時候，正是你迎來一個絕佳機會的時候。

職場故事

為生命化妝的女孩

一個貧困家庭的丁榮群以高分考取了很好的學校，但是面對寒酸的家境、臥病在床的媽媽、剛上國中的弟弟……她不得不重新定位自己的生命軌跡。

最後，她進了高職就讀，學精細化工專業。剛進學校的丁榮群很失落，因為她無法實現小時候的夢想——讀醫科大學，做白衣天使！那是她在心中多次描繪的夢想，如今不得不放棄。儘管她小時候的夢想因此而破滅，但丁榮群還是要好好學，她相信一扇窗子關閉了，另一扇窗子會為她開啟。

她在技校裡學習非常認真，每節實驗課，她都用心觀察老師做實驗時的每一個步驟，晚上還回憶一遍，寫下詳細的筆記。在工廠實習，她不懂就問，學到的東西往往比同去的同學多！透過學習她明白了一個道理：原來在高職是能學到真本事的！既然做不了白衣天使，那就做一個讓人們美麗的天使吧！

就這樣，三年的技校學習，她學會了配置各種各樣的化妝品：洗髮水、指甲油、香水、唇膏、面膜……透過這幾年的學習，她深刻認識到了自己在這方面的優勢。技校畢業後，她選擇了某化妝品集團，做實驗室的技術員。公司給她安排了單人宿舍，讓她安心工作。

第四章 受挫蘊含著轉機
在危機中尋找轉機

天氣越來越熱了，工廠內氣溫高達三十五度，正在工作的丁榮群想起了實習時一個員工說的話：「室內氣溫達到了三十五度，雜菌產生二氧化碳會使生產出的產品發生黴變，應該及時殺菌。」於是她連忙建議老闆購買殺菌劑。後來老闆告訴她：「你的殺菌劑保住了那些潤膚霜，好險啊，不然，那些潤膚霜還沒有賣出去就出水了。」到了年底，做了半年工作的她得的紅包居然比那些在辦公室工作一年的本科生還多。看到那些大學生羨慕的眼光，她工作的幹勁更足了。

但是好景不長，一次，有個大客戶需要做幾百箱粉紅色沐浴露。丁榮群設計了幾個配料單，有一個配料單實驗出來的樣品從手感、氣味等都很符合客戶的要求，顏色也是賞心悅目的粉紅色。可當她在工廠裡查看生產情況時，看到沐浴露的顏色居然是有些帶黃的粉紅色，她心裡說了一句「完了」，急怒攻心，一下子就暈倒了。

原來，這一次生產的沐浴露是皂基性的，她忽略了這個問題。皂基性的沐浴露鹼性太強，在生產時加香料就有可能變色。就這樣，第一批生產出來的沐浴露全部成了次品，只能降價銷售了，損失了幾萬元……

老闆因此大為惱火，給了她兩條路：一是捲舖蓋走人，二是到工廠裡當工人。面對這一殘酷的現實，丁榮群重新梳理了自己的心情，她想，從哪裡跌倒，就從哪裡爬起來！於是，她搬進了十多個女工住的宿舍，走進了裝配工廠，那是重活，工資卻只有原來的五分之一。

正是她堅強的意志，使機遇很快就光臨了她。有一次工廠要進行「膏霜」大生產，在生產期間，丁榮群對配方有點疑惑，好像差點什麼。她核算了一下，結果發現乳化劑的量不夠。於是，她讓工人暫時

職場神隊友
與其等貴人，不如自己當貴人

不要生產。有幾個好心的工人勸她：「又不是你負責開發，你管那麼多幹嗎？再說負責的老師傅是花高薪請來的，有豐富的經驗，你還有什麼懷疑的？」

丁榮群一聽，自己的心裡也猶豫了：是啊，老師傅在這一行幹了幾十年，而我只是一個初出茅廬的技校生，弄不好耽誤了生產，連工人也做不成了。

這時，工人開始配料了，丁榮群看到大批原料馬上就要投入生產，她想：原料一旦混合就很難更改了，不能眼睜睜看著因技術上的失誤而給公司帶來損失呀！想到這兒，丁榮群衝上去阻止工人：「不要配料了，出了問題我負責！」

接著，她馬上把情況彙報給那個老師傅，當她望著老師傅不屑的表情時，她的臉紅了，她真想轉身離去！可對技術執著的態度，留住了她的腳步！她耐心細緻地給他推算資料，儘管老師傅一直眯著眼，丁榮群還是十分詳細地推算出了自己得出的資料。

丁榮群拿著推算出來的不一樣的資料說：「如果按照您的資料生產，那膏霜就會變粗，成為廢品。」聽完丁榮群的話，老師傅瞪大了眼睛，許久才回過神來，握住丁榮群的手連連感嘆說：「後生可畏，前途無量！你會成為『精細化工』方面的專家！」

透過這次事情之後，老闆對她的執著精神和高超技術大為感動。就這樣，丁榮群又回到了實驗室，結果她更加嚴格要求自己，對實驗精益求精，經常下工廠查看生產過程中的情況，出現新問題，她就立即找有關方面的書進行研究，直到弄懂為止。晚上，她還挑燈夜戰，根據不同性能，整理和自創了上百種化妝品。由於產品在市場上回響

較大，一些大客戶爭相來訂貨，甚至有許多化妝品廠家偷偷找到她，出高價想買斷她的一些技術資料，她婉言謝絕了，她認為做人要有職業操守。

她的名聲也因此越來越大，老闆為了留住這位技校出身的高級人才，馬上把她的工資翻兩倍，還告訴她還有幾個月就過年了，有一個大紅包在等著她呢！可她還是辭職了，因為她還想把自己的優勢找一個更廣闊的空間去發展。

不久，她參股了一家公司，擔任開發部經理，主管技術。有一大批老客戶的支援，業務開展得紅紅火火！

線上點評

丁榮群高分考取好學校，但是殘酷的命運使她不得不放棄原有的夢想。為了節省開銷，她選擇了一家高職，為的就是少花家裡的錢，盡快投入到工作中去。但是她並沒有因為命運的捉弄而放棄良好的學習態度，透過三年的高職生涯，她重新認識了自己的人生方向。

當她找到自己的人生方向時，全力投入其中。儘管由於一次失誤導致公司損失幾萬元，但是她面對失敗並沒有放棄，而是選擇當工廠工人。這些挫折不僅使她認識了自己的優缺點，而且為她以後的發展奠定了堅實的基礎。

在職場中，許多走向失敗的人，遇到工作上的挫折時總是武斷認為「我是個百無一用的廢物」，而不去積極開啟就在眼前的一扇新窗子，開發自己無限可能性的機會其實就在眼前，結果卻錯失良機。因此，走向失敗的人，其實是因為喪失了一個又一個的機會，故而其職

職場神隊友
與其等貴人，不如自己當貴人

場生涯艱難而殘酷。

有時候，無論你怎麼做也未能如願進入某一個理想學校或公司，即使這樣也不必失望。這個時候，正需要你進行積極思維。

在竭盡全力拚搏之後仍舊不能如願以償時，應該這樣想：上天告訴我轉入另外一條發展道路上，一定能取得成功。因為家庭的原因而不得不改變自己的發展方向時也一樣，運用積極思維：原來是這樣，我一直認為這是很適合自己的事，不過，一定還有比這個更適合我的事。應該認為另外一條新的道路已展現在你的眼前了。不要失望，不要氣餒，振作起來，沿著這條新的道路向前走。

專家提醒

一般情況下，人在遭遇危機時，只使用了全部能力的百分之幾，而絞盡腦汁思謀對策，會調動出平時未使用的潛能。因此，越是在大危機的情況下，越會產生出其不意、克敵制勝的高招。

如果你能改變你的思考方式，就會發現將自己逼入死胡同的危機或挫折，正是發揮一個人潛能的最佳時期。擁有逆向思維的人會把危機變成機遇，並且獲得比以前任何時期都巨大的成功。

生命的價值是為了精彩，而不是為了煩惱

☒ 主題連結：生命的價值

生命的價值不依賴我們的所作所為，也不仰仗我們結交的人物，而是取決於我們自身。在這個世界上有一件事是很重要的，那就是自己瞧得起自己，至於別人說什麼，是一件無足輕重的事。

生活中如此，職場中也一樣，只要充分發揮自己的優勢，是金子總會發光。儘管我們會面對職場中的許多不公正的待遇，但一定要記住：這些不過是在為你帶來時來運轉的機會。

職場故事

調酒師的風采

●●

歐陽智安是一個自認為「百分之百熱衷於足球，有足球天分」的足球迷，但是因為他個子太矮，而封殺了自己的足球夢。但是誰會想到，這麼一個小人物，後來卻成為一名國際調酒冠軍。

歐陽智安沒考上理想的高中，進了專科學校，學習摩托車製造與維修。他畢業後分配到「五羊本田」工作不到一年，就辭掉了那份待遇不錯的工作。他對父母說：「我想做自己喜歡做的事，我將來要做個調酒師。」

父母都很吃驚，他向父母做了解釋。原來他經常去一家名氣頗大的酒吧裡玩。第一次到酒吧，他就開了眼界：那兒有個調酒師，在吧台裡變魔術似的調出來一杯杯雞尾酒，那姿勢，那神情，令歐陽智安一下子就迷上了。當天晚上回到家裡，他就練開了。他以為甩甩酒瓶是很簡單的事，可沒想到，他還沒甩到兩下，「砰」的一聲，瓶子就掉在地上開了花。他不甘心，又拋起了第二個瓶子。他連續砸壞了十幾個瓶子，弄得屋子裡滿地都是瓶子碎片。他覺得這並不是一件簡單的事，但是他不想放棄，因為他是那麼著迷於這項技術。

從此，他千方百計弄回來花式調酒錄影帶，常常在凌晨一兩點的

職場神隊友

與其等貴人，不如自己當貴人

時候，和酒吧的同學一起觀摩、練習，直到天亮。花式調酒以速度見功夫，而歐陽智安從小練習足球，對運動中的速度有一種過人的駕馭力。不久許多酒吧的專業調酒師都佩服他的功力了。

就這樣，他在中於找到了一份自己喜歡的工作。

但是有許多事並不是那麼容易就成功的。剛到酒吧工作，領班就告訴他：「從今天開始，你的任務是負責搬酒、擦杯、收桌子、倒垃圾。」連續半個月，歐陽智安天天做雜工，別說調酒，就是連摸一下酒瓶的機會都沒有。酒吧經理經常罵人，歐陽智安接觸不到調酒工作，本來心裡就氣，工作自然鬆懈，也就會經常挨罵。

那個經理罵歸罵，卻也經常稱讚歐陽智安的靈氣。後來，他讓歐陽智安去負責酒吧裡的果盤，這事輕鬆些，可以一個人躲在配果間做事。更讓歐陽智安高興的是：這下自由了！

於是，他一有空就拿起酒瓶在空中拋來拋去。有一天，他又在配果房裡練甩瓶子，可還沒練上五分鐘，經理就推門而入，把桌子上來不及收拾的果汁往他的臉上潑，邊潑邊破口 罵粗話。那一刻，歐陽智安委屈極了，眼裡有淚，卻堅持著沒讓它流出來。

此後，歐陽智安克服了各種困難，利用各種機會來練習。而且他還認識了很多洋酒，對於他來說，調酒技術又上了一個新台階。但很快，他就明白了什麼叫山外有山，人外有人。

那一年，歐陽智安在一家俱樂部做表演時，有個洋酒銷售商看了他的表演之後，不屑的說：「你的表演很普通，你看看人家韓國人的表演，那才叫真正的調酒！」原來那個銷售商曾代理過韓國某種品牌酒，對方送了一張由韓國著名調酒師JAMES表演的光碟給他。歐陽

智安立即纏著銷售商帶他去看那張光碟，結果，他完全被 JAMES 精湛的表演所折服，他從此把 JAMES 當成自己的偶像，並時刻想著讓自己超過他。

佩服歸佩服，歐陽智安的心裡更加嚴格要求自己，為了使自己的技藝得到更大的進步，他拚命練，他的天賦很高，技藝也日臻完善起來。

一個香港客人來到歐陽智安所在的酒吧，他看歐陽智安是個年輕的小夥子，就故意為難他說：「我要你為我調一杯七色彩虹。」說完那位香港客人就扭過頭去與其他人閒聊起來。不一會兒，歐陽智安把調好的酒推到他面前。「這麼快？到底行不行？」那人掏出打火機，開始數酒的顏色：「一、二、三……」當數到七時，他便默不作聲了，因為歐陽智安在這杯酒中調出了九種不同的顏色，超出了他的要求，這位香港客人此後對他刮目相看。而此時，年僅二十二歲的歐陽智安已是中山國際酒店酒吧部的主管。

一年一度的「必富達國際調酒師大賽」就要舉行了，它是國際調酒界公認的最高榮譽的比賽。比賽分為酒水常識筆試、自創酒、速度調酒、花式調酒四個部分，每個部分各占二十分。歐陽智安來到了丹麥的哥本哈根參加了這次比賽，他不僅有機會參加比賽，而且還見到了韓國的 JAMES。

這時，輪到二十二歲的年輕人歐陽智安出場了。他合攏雙手輕呵了口氣，然後，把酒瓶、酒杯熟練的上下甩動，開始還看得清，一會兒左，一會兒右，一會兒上，一會兒下，很快就只看見酒瓶和杯子帶著不同的火苗，在他的身前身後遊龍般翻飛，現場的外國評委連聲叫

職場神隊友
與其等貴人，不如自己當貴人

著：「Good ！ Very good ！」

最終，他獲得了花式調酒單項冠軍。他的偶像 JAMES 特意走來，由衷地向他表示祝賀：「你是最年輕的世界調酒冠軍！」

此後，他又與同行去參加另一個調酒師大賽，又一次獲得了冠軍，他的名字也越來越讓更多人記住。

線上點評

歐陽智安本來想做足球運動員，卻因為個子太矮而被擠出足球世界的大門，但是他並沒有因此而煩惱，他要用自己的智慧重新打開一道門。此後的成功也證明了他的選擇是正確的。正如他自己說的一樣：「社會本身就是一個足球場，每個人都會找到自己最喜歡、最合適的位置。」

他放棄了在「五羊本田」工作的大好機會，是因為他知道自己的興趣在哪裡，那就是令他一見鍾情的花式調酒。為了實現這個夢想，他做過雜工，挨過經理的罵，受過別人的嘲笑……但是這些都沒有讓他放棄自己的調酒職業。他為了實現自己生命的價值，付出了更多的努力，也因此獲得了成功的機會。

有些時候我們不可能完全如意的挑選那些重要又體面的工作，很可能要被動的接受一些工作安排，就像歐陽智安那樣，他剛開始找到了自己喜歡的工作，但是卻做了一名小工。因此，這時候你的心裡要清楚：不要讓自己降低標準去適應工作，而應按自己的才華提升工作標準。只有這樣你才能夠時來運轉，獲取成功。

專家提醒

在職場上，我們應該有一種適應環境、改造環境的積極心態，而不要一味在自己的消極意志下沉寂下去。

在我們工作時，遇到困境不能氣餒，正確認識這個「新的已知條件」，只要願意，任何一個障礙都會成為一個超越自我的契機。

職場神隊友

與其等貴人，不如自己當貴人

第五章 絕對不要安於現狀

你應該學會從百分之二十七到百分之三

⋏ 主題連結：確立目標

有一個源自哈佛的調查結論：在接受調查的年輕人中，百分之二十七是沒有目標的，他們總是生活在社會的最底層，生活中的不如意和抱怨很多。百分之六十的人對目標的認識很模糊，他們總是生活在社會中下層，勉強安穩度日。百分之十的人有清晰的短期目標，生活在社會中上層，而且有穩步上升趨勢。最後的百分之三，他們有著短期和長期的生活目標，屬於頂尖成功人士。

由此看來，你制定什麼樣的目標就會有什麼樣的成就，也會有什麼樣的人生！今天的生活狀態就是你過去的目標！

一個人若想成就一番事業，在自己的職業生涯中打拼出一片天地，在職場中占有一席之地，就必須具備一個遠大的目標。

職場故事

「免費午餐」贏得大目標

丁磊畢業於科技大學電腦通訊專業。丁磊第一次上網時，網路的魅力就讓他無限痴迷。那時，他就開始為自己制定了目標——擁有一個自己的網站。

這一年，第一家 ISP（網際網路服務供應商），丁磊毅然辭去了在

職場神隊友
與其等貴人，不如自己當貴人

電訊局的鐵飯碗，開始了他的打工生涯。

丁磊先在剛剛成立的一家公司安裝調試資料庫，感到難以實現自己的理想。很快，他就跑到了 ISP，但是由於電訊部門的壟斷，這家公司沒多久就倒閉了。丁磊再一次在人生的十字路口徘徊不定。經歷了三次跳槽，丁磊還沒有找到自己的方向，他的個人的抱負總是沒得到施展。經過五天的思索，丁磊決定創辦一家公司，自己當老闆，而且要吃網路這碗飯。丁磊拿出幾年來的積蓄，又向親友借了一些錢，共籌集到五十萬元。他找了兩個志同道合的朋友，在網際網路上打出了公司的招牌。

但是，午時五十萬的投資可不是鬧著玩的，不賺錢的買賣，誰也做不下去。丁磊找到電訊部門，向他們提出自己的建設性方案：網上提供的服務太少，不利於網際網路的本土化，應該提供更多的服務給網友。這樣做的好處有兩點：第一，可以說明網友享受到高速服務；第二，可以使電訊部門增加更多的上網時間。既不用出錢，又能撈到好處，電訊部門當然同意。於是，丁磊就把伺服器放在了電訊局。他的公司步入了資訊公路，然後開始跑動。

丁磊進入網路的第一大舉措就是免費。

丁磊出錢買五個網站三個月的廣告時間，並在網上宣布：為所有網友提供免費個人主頁存放空間服務。丁磊的這一舉動立刻招來了嘲笑。自己出錢免費為別人服務，這簡直就是傻瓜的行為。業內人士笑他，外行更是感到此舉不可思議。過了一年，丁磊免費服務的祕密終於彰顯出來了。最好的個人主頁當中，有百分之八十都存放在他的網

站上，在兩萬個個人主頁背後，代表著兩萬個活躍的線民。這些人就是一批網路精英。有了這些網路精英，無異於有了一筆不可估量的財富。

在個人免費主頁一再升溫的同時，丁磊又推出了最為成功的專案——免費電子信箱。丁磊為了讓他的電子郵件系統便於記憶、容易操作，曾經冥思苦想，寢食不安。一天凌晨兩點，丁磊突然來了靈感，想到了用數字註冊功能變數名稱。他跳下床打開電腦一看，還沒有人捷足先登，於是他一口氣註冊了一系列數字功能變數名稱。

透過丁磊的努力，在十佳網站評選時，丁磊的網站、遊戲、福利、六合彩、存放照片、相互留言、氣象、地圖、新聞等多種功能都得了名。丁磊想透過虛擬社群，把用戶吸引到他的網站上，並以此作為基石在網上塑造全新的形象。虛擬社群剛剛推出十二天，就有兩萬人註冊。接著，他開始進行風險投資談判，與其合作的風險投資公司已經在美國幫助四家網際網路公司上市了。

現在，丁磊的目標越來越大，計畫辦成網路門戶在美國上市，同時兼做英文網站，發展英文用戶。

線上點評

丁磊在二十四歲時才真正從網路上發現了機遇，他也為自己訂下了一個宏大的目標——創立自己的網站。經過幾次打工的經歷，他日趨成熟起來，於是他用借來的錢和幾個朋友共同創建了網易，同時他又和電訊部門合作為線民提供免費的個人主頁和電子信箱……這些都為網易大大提高了知名度，同時也讓他的目標越來越大。

職場神隊友
與其等貴人，不如自己當貴人

　　顯然，丁磊並不會因為現有的成績而滿足，為了有一個更高的目標，他還會不斷提升自己的要求。

　　在職場上，當你看到周圍的同事或上司不斷升職加薪，工作越來越順利時你也許感到困惑：為什麼別人總是比我成功？為什麼只有我一個人總是在原地踏步？這個時候，你應該問自己：我給自己制定合理的目標了嗎？如果你沒有目標，那你的工作就失去了動力，你也會失去進取心，最終是碌碌無為，虛度光陰。

　　每個人都有欲望和夢想，但大多數人沒有明確具體的人生目標，這便是成功屬於少數人的重要原因之一。事業的成功者雖然只占總數百分之三或更少，但他們都有一個突出的特徵，這就是奮鬥的鮮明方向性。你現在若是那個百分之二十七或百分之六十的人，就應該及時把自己的欲望和夢想演化成行動目標，從而達到百分之十，甚至是百分之三的人。

　　目標是你成功路上的里程碑，它給了你一個看得見的努力方向。在你努力實現這些目標的過程中，它會發揮積極的作用，能夠作為你努力的依據不斷鞭策你奮力進取。有了目標，你就可以更深地挖掘自己的潛力，更好地把握住現在，督促自己認真地對待工作，並傾盡全力，以取得好的結果，進而實現加薪升職，取得事業的成功。

　　有了目標，你就可以改變事業上的不理想現狀，包括你低微的職位、枯燥乏味的工作、看不見光明的事業等等。當你為自己制定了一個遠大的目標後，你便會感覺到湧動在你心底裡的巨大潛能，而正是這個潛能可以改變你的一生。

專家提醒

目標對你的成功還有更多不可估量的價值：

◆目標使你看清使命，產生動力

有了目標，對自己心目中喜歡的世界便有了一幅清晰的圖畫，你就會集中精力於你所選定的目標上，因而你也就更加熱心。

◆目標使你感受到生存的意義和價值

人們處事的方式主要取決於他們怎樣看待自己的目標。如果覺得自己的目標不重要，那你所付出的努力自然也就沒有什麼價值；如果覺得目標很重要，那你就會感到生存的重要意義，覺得為目標付出努力是有價值的。

◆目標使你把工作重點從過程轉到結果

只重工作過程並不能保證成功，要讓一項工作有意義，就一定要使它朝向一個明確的目標。事業成功的衡量標準不是你做了多少工作，而是取得了多少成果。

◆目標能提高激情，有助於評估發展

目標可以使你心中的想法具體化，看得見摸得著，這樣工作起來也會心中有數，熱情高漲。目標同時又提供了一種自我評估的重要手段，你可以根據自己距離目標有多遠來評估自己取得的進步。

◆目標使人自我完善，永不停步

自我完善的過程，其實就是不斷去實現目標的過程。目標能使你最大限度地集中精力，讓你不斷在自己有優勢的方面努力。

不去挑戰，你的理想只是一片影子

☒ 主題連結：勇於挑戰

很多人滿足於自己目前的工作狀況，不想學習，也不想向困難挑戰，自己的遠大理想也越來越模糊，只求按時完成工作，不出差錯就行了。時間長了，惰性轉變為對未知的恐懼，更不敢輕易挑戰了。

固然，循規蹈矩的人用自己習慣的做法處理問題，一般不會犯大的錯誤。但僅做到不犯錯誤，按時完成工作，在現今這種競爭激烈的環境裡是不行的，有時甚至連保住飯碗都很難。因為企業是向前發展的，這就要求員工的素質和能力也要隨之不斷提高，如果固步自封，始終在原地踏步，就可能無法應付不斷出現的新問題，遲早會被公司淘汰。

所以，要想在職場中生存，並最終實現自己成就一番事業的目標，就應該勇於向高難度的問題挑戰，主動挖掘自己的潛能，逐漸提高自己的能力，實現自己更高的目標。

職場故事

流水線上的故事

鄉下長大的汪月高中畢業兩年後來到都市，在陌生的城市裡茫然無措的汪月先是做起了保姆，經過一段時間的工作，主人家對她的工作態度和上進心很賞識，便介紹她到一家公司做接待員。

一年後，她又被一家合資企業錄用，成了流水線上的一名員工。以前做的工作都不曾真正接觸到技術性的東西，她深知這個機會對自

己不容易，所以下決心要好好把握。很快汪月就成了一名熟練工，加上她對自己要求很嚴格，不僅敬業，還注意自己的氣質、道德修養，所以在姐妹們當中樹立起了一定的威信，也引起了主管的注意。

兩個月後，技工中的前輩辭職，汪月便順理成章接替了前輩的位置，汪月有幾分喜悅，同時也告誡自己：這只是一個開始。她一邊繼續兢兢業業工作，一邊盡量充實自己。

當時，她所在公司的電鑄工藝一直過不了關，而那是關係到公司產品品質的關鍵工藝。公司的好幾個工程師都沒能找到妥善的辦法解決這個問題，汪月決定試一試。她相信只有不斷向自己挑戰才能不斷進步。對僅高中畢業的她來說，這種「野心」實在顯得有些太不自量力，但汪月覺得機會通常都是這樣來臨的。她利用業餘時間到圖書館翻閱大量資料，對電鑄工藝進行了深入研究，接著她利用各種可能進行了一系列試驗，終於攻克了這個難題。

消息傳出，就連她身邊的工友都大吃一驚：沒想到汪月這麼厲害！沒想到工程師都做不到的事流水線上的女工能做到！沒想到……在這一片「沒想到」中，汪月被公司提升為電鑄部門的主管。

「誰都想做主管，做經理，甚至做得更高，但這一切只能靠你自己去努力爭取。」汪月這樣說。

線上點評

鄉下長大的姑娘汪月從高中畢業後在外打工，一路上拚殺過來，最終取得了令人豔羨的職位。從當保姆到當上一拉長，最後成為電鑄部門主管，這其中包含了她許多的艱辛和痛苦，她沒有被這些困難嚇

職場神隊友
與其等貴人，不如自己當貴人

倒，一次次接受挑戰，又一次次戰勝困難。因為她相信自己，相信只要努力爭取就會有成功。

因此，在職場上，你應該像汪月那樣，面對困難，敢於挑戰。當一件富有挑戰性的工作放在你面前時，不要抱「避之唯恐不及」的態度，而應該把它當做一個邁向成功的階梯。懷著感恩的心態，主動接受它，並透過不斷的學習和實踐，挖掘自己的潛能，出色的完成它，你就可以從中獲得提高，並最終取得事業的成功。

在職場周圍，你或許也發現了這樣一種情況：那些十分自信的人總能把工作完成得很好，即使是很有難度的工作，甚至是在別人眼裡不可能完成的工作，到他們那裡都會迎刃而解，所以他們更受上司器重，也能夠很快地加薪升職。

其實他們的學歷可能並不比你高，他們對工作的熟悉程度可能並不比你深，他們的從業時間可能並不比你長，但他們就是敢於去迎接挑戰，所以能夠更快取得事業的成功，為什麼呢？就是因為他們自信，他們相信自己。

所以，要想取得工作的進步和事業的成功，要想勇敢接受挑戰，你就應該相信自己，對自己的能力充滿信心，並用信心支撐自己完成這個在別人眼裡不可能完成的任務。擁有自信心是勇於向困難挑戰的前提條件。

專家提醒

怎樣擁有自信呢？

●●●●●●●●●●●●●●●●●●●●●●●●●●●●●●●●●●●

◆改變自己的看法，同時正確認識周圍的人

如果你勇敢接受了挑戰，但很不幸你把事情弄糟了，這也沒什麼大不了的。只要你不是故意搗亂，你的上司仍然會很喜歡你，你的同事們也不會嘲笑你。對自己的能力堅定信心，必要時可以把自己的優點列在一張紙上，時時勉勵自己。

◆在頭腦中導入積極的思想

在遇到困難時，你應該把它當做一件平常事來對待，或者告訴自己，完成它不過是「小菜一碟」，告訴自己一定可以成功，並在頭腦中設想事情成功以後你如何受到上司的重視和同事的羨慕，以及隨之而來的加薪升職。

◆把過去成功的例子放在腦海裡

用自己過去成功的例子不斷鼓勵自己，你就更容易建立起信心，也就有勇氣去承擔較有挑戰性的任務。

學會收集資訊

☒ 主題連結：搜集資訊

現代社會是資訊時代，一個人能否取得更大的成功，往往取決於他搜集資訊和運用資訊的能力。因為現在的工作，很多都是需要資訊來輔助完成的，沒有資訊就很難分清目標的難易程度，從而也達不到

職場神隊友
與其等貴人，不如自己當貴人

工作的要求。

在職場上，你如何搜集資訊，資訊充分與否，是決定未來動向的重要因素：能準確把握和處理資訊，就能適時調整實施工作計畫，從而在目標行進過程中，向前邁出一大步；沒有資訊盲目行動，只能是前進一小步，甚至倒退。

因此，想想怎麼搜集資訊，需要哪些資訊，比思考如何賺錢更為重要。一個只想著如何賺錢而又拒絕資訊的人就像井底之蛙一樣，永遠只滿足於現狀，而不能實現自己更遠大的人生目標。

職場故事

任新的調查報告

任新和于洋同在一家出版公司上班。剛開始他們都是普通職員，拿同樣的薪水，可後來，任新卻被提升到了部門主管的位置，薪水也當然比于洋多了許多。于洋不服，工作上處處和任新作對，他以為是部門經理在背後搗鬼，就告到了老闆那裡，說：「我比任新早進公司半年，為什麼他被提升了，而我還是一個職員呢？」

老闆笑了笑，什麼也沒說，馬上安排他們去圖書市場做一個調查，看眼下的職場類圖書上市了多少種。等調查報告一交，老闆把任新的一份調查報告交給于洋，于洋一看，臉一下子就紅了。任新不明白什麼原因，就問老闆怎麼回事，老闆笑著對他講述了事情的經過：「你們倆都是按我說的去市場考察了一中午，可我又讓于洋重新考察了三次。第一次，他報告我目前上市的職場類圖書有九種，我問他價格

怎樣，於是他又去了一次，問好了價格，我又問他是哪些出版社出版的，有多少頁碼，採用什麼紙張，結果他又去了一次。而你去了一次回來，就十分詳細的向我彙報了目前上市的職場類圖書有多少種，以及它們各自的名字、出版公司、採用什麼紙張、有多少頁碼、什麼樣的開本、定價多少、成本大致多少等等。並且總結了調查結果，這類圖書很有發展前景，利潤也非常大，不僅如此，你還繪製了圖表進行了說明。當我把你的報告給于洋看的時候，他就知道自己為什麼不能晉升了。」

不甘寂寞的楊秀文

楊秀文是一個不為現狀滿足的人，對於她來說，滿足現狀會讓她寂寞死的。

一個很偶然的機會，楊秀文接觸到了剛剛興起的手機簡訊，那天，楊秀文發現一個著名的網站的首頁在搜集簡訊，她一下子就被簡訊詼諧的內容迷住了，整整一個上午，一邊看一邊笑，還轉發了很多出去，同事們都笑楊秀文著魔了。

楊秀文卻被這些簡訊內容吸引住了，她把握了這個資訊，一連幾天她都在想，簡訊這麼有趣，這絕對是一個很好的市場空白點。如果自己能寫出一大堆可笑又有深意的簡訊，就有可能是自己很好的發展機會。想到此處，楊秀文興奮得好幾夜都沒睡好，她覺得找到了自己發展的方向。此後，楊秀文便一頭扎進了編輯簡訊中，瘋狂登陸各大網站並參與他們舉辦的簡訊徵集活動。

大半年間，楊秀文放棄了一切娛樂活動，每天的工作就是埋頭寫

職場神隊友
與其等貴人，不如自己當貴人

簡訊，她要為今後的職業做鋪墊，她的努力沒有白費。徵集活動結束後，她獲得了一等獎，她因此出名。

不久，獵頭公司慕名而來，她成了各類網站爭相聘用的「搶手貨」。楊秀文應聘到了一家著名網站擔任首席簡訊設計師。這期潤，還有一些網站請她設計簡訊，做簡訊廣告策劃，待遇也十分優厚。

隨著時間的流逝，楊秀文發覺日子那樣無聊，周而復始，她感覺已經失去了往日的那種投入。在跟老闆協商後，楊秀文保留網路首席簡訊設計師的頭銜，轉為兼職，開始尋找新的職業起點。由於她對餐飲很有研究，所以她想從餐飲業入手。

一次，她在家中查詢資料，翻到清代《餐芳譜》一書，不由眼前一亮，靈光突現，何不開個鮮花餐館，教現代都市人吃花呢？說做就做，經過幾個月的籌備，她的鮮花餐館順利開業。她的生意紅紅火火，來店裡「賞」花、「品」花的人成群結隊，絡繹不絕，火爆程度遠遠超出最初的想像。於是，她開始向更高的目標出發了，她要建立一家屬於自己的公司。

線上點評

故事一中任新的成功就在於他善於搜集資訊，並且全面準確，從而使他在競爭中占據了絕對的優勢；而于洋則不善於搜集資訊，這樣他就失去了競爭的主動權。在職場中，一個人不善於搜集資訊就會離自己想要爭取的目標越來越遠。

故事二中楊秀文的成功，是因為她能準確把握運用搜集來的資訊，同時她並不為現有成績而滿足，不斷設定更高的目標，使她不斷

發揮出自身的優勢，並走向成功。

　　在現代社會，職場之間的競爭日益加劇，公司內部員工之間的競爭也越來越激烈。及時準確掌握資訊，對競爭的勝利十分重要。資訊就是資歷，資訊就是競爭力，誰能及時掌握準確而又全面的資訊，誰就掌握了競爭的主動權，掌握了主動權你就能更容易實現設定的後續目標。

　　另外，你還要學會有效運用資訊。不論是什麼資訊，也不管它有多大的價值，如果不能消化吸收，加以有效運用，永遠只能算是一堆廢物，對於你的目標實現將毫無說明，還有，你所搜集的資訊不見得都是有用的、正確的，如果不保持清醒，不懂得如何分辨和取捨，那很難保證你不會受到模糊資訊的干擾，或者一不小心就走向了錯誤的道路。

　　所以，要使資訊發揮效力，就得充分整合資訊，正確的分析資訊，然後加以有效運用，訂立計畫，切實行動，這樣才能成功駕馭資訊。

專家提醒

　　你要學會搜集資訊，就要自動自發去搜集資訊，而只是坐在那裡等著資訊傳達到自己手上，當然不可能收集到有價值的東西。

　　◆對任何事都抱有好奇心

　　要深入去追究，不能對任何事都漠不關心，否則會失去許多有用的資訊。當然，你也不能把所有亂七八糟的資訊都搜集起來，在好壞交雜的資訊中，自己要學會識別。這是一個相當重要的步驟。

◆建立自己的資訊網路

你必須知道從誰、從哪裡可以得到哪些資訊，對於得到的資訊要找準證實。你要善用資訊管道，同行業中有經驗的前輩交流，參加社團活動，利用媒體都可以擴展自己的資訊網路。

◆讓資訊自動流向自己

如果你想讓資訊自動流向你，你就要注意自己在工作中的行為。你要和周圍同事建立一種可信賴的關係，保持一個好人緣。這樣，大家都會樂意與你交往，誠心誠意地向你提供多樣的資訊。

◆主動向別人探詢資訊

在你周圍有一些人是不太容易把資訊告訴別人的，對於這樣的人，你就要主動去問問看：「這件事結果如何？」「你對這件事有什麼看法？」「有什麼新的變化嗎？」像這樣時刻採取主動，你才能得到完整的資訊。

◆資訊交流

如果一直是單方面提供資訊，時間長了，提供資訊的人會覺得沒意思，這種資訊關係也不會長久。所以，當別人給你提供資訊時，你也要有所回報，也給他一個滿意的資訊，這樣有來有往，實現資訊交流，別人才會源源不斷地向你提供有價值的資訊。

爬更高的目標，你要用勤奮做梯子

✗ 主題連結：勤奮

隨著時代的不斷變化，許多職場人士都這樣為自己開脫：現今時

代已經變了，勤奮已不再是職場乃至商戰中成功的法寶了，我們需要享受生活並等待機會。

是的，如今這個時代的確與以前不同了，但並不像你所想像的那樣，勤奮越來越不重要，而是恰恰相反，要想在職場中獲得成功，勤奮是必不可少的。

要想在這個人才輩出的時代劃出一條完美的職業軌跡，唯有依靠勤奮的美德──認真地對待自己的工作，在工作中不斷進取。

職場故事

勤奮創造出的 MBA

●●

毛豔姣出生在一個農村，由於家庭困難，她不得不放棄學業來到電子廠打工。可毛豔姣心裡還隱藏著一個強烈的願望：三年內自學完高中課程。

為了完成這個目標，毛豔姣每天晚上都拚命讀書。別的工友們都進入了夢鄉，她還在洗漱間裡點著蠟燭學習。毛豔姣的勤奮上進被經理看在了眼裡，不久就把她提升為工廠主管。上任之後，她更加刻苦努力工作和學習，不久之後，深受經理賞識的毛豔姣又被委以分廠助理的重要職位。

但是，正值毛豔姣躊躇滿志的時候，她卻迎來了一場厄運。毛豔姣發現自己的脖子兩側都有腫塊，起初她並沒放在心上。後來，經過兩次穿刺和切片確診，醫生告訴她患了惡性霍奇金淋巴癌。聽到結果以後，毛豔姣驚呆了，她呆呆坐了一整天，表面上風平浪靜，內心卻

職場神隊友
與其等貴人，不如自己當貴人

波濤洶湧。但是她還是穩住了自己的心情，她要治療，哪怕只有百分之一的希望，她也要作百分之百的努力！毛豔姣住進了醫院腫瘤科，開始了漫長的抗癌之旅。

住進醫院以後，她沒有輕易放棄自己的生命價值，她始終為自己打氣，用學習來鼓舞自己的士氣，同時她用樂觀的精神帶動病房裡的其他病友共同去戰勝病魔。別的病房總是死氣沉沉，而毛豔姣所在病房在她的帶領下，時不時傳來歡歌笑語。毛豔姣的笑聲仿佛一道刺破烏雲的陽光，給那些癌症患者帶來了莫大的精神鼓舞。

毛豔姣經過一年時間的治療後，脖子上的淋巴瘤已經消失了，醫生在為她做了三次全身檢查後，吃驚的發現她身體各項指標均顯示正常，能夠出院了。此時的毛豔姣高興極了，她含著熱淚在心裡歡呼：我又重生了。

出院時，醫生叮囑毛豔姣：一定要在家好好休息兩年，每三個月來做一次化療和複查。然而，毛豔姣此時負債累累，她不僅在住院時花去了自己所有的積蓄，而且還欠了不少債。剛出院，她不得不又回到了東莞去找工作。由於體質很弱，她只得選擇那些勞動強度不大的工種。就這樣她一邊打工一邊治療，毛豔姣按照醫生的囑咐，隔三個月就去化療一次，經過兩年的化療，毛豔姣的身體狀況有了很大的好轉。

經過這次經歷，毛豔姣對生命的領悟更為深刻。她決定珍惜生命中的每一天，把每一天都當生命的最後一天來活！於是，工作之餘，毛豔姣又一次拾起了書本。生命回來了，可她發現，長期的化療使自己的記憶力比以前差了很多，以前看一遍就能記住的內容，現在得看

五遍甚至更多才能記住。於是她更加勤奮刻苦地學習了。

　　不久，毛豔姣應聘到房地產公司做了一名文書工作者，同事大多是專科院校畢業生，有的甚至是本科生，所以一進公司，毛豔姣就有一種很強烈的緊迫感。除了平時更加勤奮自學外，毛豔姣把眼光盯向了電腦。她知道，短時間內自己的文化素質不可能有明顯提高，但如果自己學好了電腦，就具備了一定的競爭力。要想學好電腦，對於剛剛自修完高中課程的她來說，無疑是十分困難的，但是她相信自己癌症都能戰勝，何況電腦呢！

　　透過她的勤奮努力，半年後，毛豔姣成了當時公司裡唯一能夠熟練操作電腦的員工。但毛豔姣並沒有就此滿足，她對自己又有了新的要求——盡快拿到大學文憑。

　　幾年後，毛豔姣被公司提拔為辦公室副主任。任職伊始，毛豔姣深深感到了自身知識儲備的不足，覺得眼下當務之急是提高自己的文化素質。她本想去大學有系統的讀書。可這幾年來，為自己治病已欠下了不少債，她只得把這個想法藏在心底，一邊工作一邊繼續自學。

　　自學完高中學業的毛豔姣報了大學中文專業的專科自考。她為自己定下了目標：兩年內拿到專科文憑。可毛豔姣的英語基礎很差，為了不讓英語拖後腿，有一段時間，她每天都去參加夜大的英語學習。她的辛苦沒有白費，經過一段時間的學習，她的英語水準有了明顯提高。終於，毛豔姣如願以償拿到了專科文憑後，又報考了文學專業的自考。為了能順利通過考試，除了正常的上班外，她把其他所有的時間都用在功課上。為了一門心思學習，每到週末她不是去圖書館讀書，就是把自己關在家裡學習。

職場神隊友

與其等貴人，不如自己當貴人

由於把大部分時間和金錢都用在了學習上，毛豔姣無暇顧及自己的身體。因此原本剛剛戰勝癌症的她，身體更加虛弱了，她真正成了「弱不禁風」的小女子。她有時想放棄自學的念頭，但很快又改變了想法。人生如果沒有目標和方向，也就失去了動力，沒有追求的人，活著又有什麼意義呢？這樣一想，她又有了動力，繼續投入到了學習當中。

毛豔姣順利拿到了本科文憑。就在此時，公司老闆告訴好學的毛豔姣一個好消息：「英國威爾斯大學和南方科技大學正在聯合招收在職的工商管理 MBA，公司正缺少高素質的管理人才，準備讓你去報名。學成歸來後，公司會重用你！」

MBA，這和自己的水準隔得太遙遠了！但喜歡挑戰人生的毛豔姣又不由得動了心。雖說自己已經拿到了自考的本科文憑，但因為學的是中文，專業的針對性並不強，也有很大的局限性，如能系統的學習工商管理，這無疑會有利於自己今後的發展。

於是，毛豔姣決定去報名，然而報名時，她才發現學費對於她來說太高了。老闆知道她的困難後，對她的這種無止境的追求很欣賞，當即決定：只要毛豔姣學成後回公司，公司幫她解決一部分學費。就這樣，毛豔姣邊工作邊開始了 MBA 的課程學習。同時，她也沒有忽略自己的身體狀況，她在醫院進行了全面的身體檢查，醫生告訴她，她的淋巴癌已徹底痊癒！毛豔姣不禁喜極而泣，她終於如一隻涅槃的鳳凰獲得了重生！

經過兩年多的學習，毛豔姣已經完成了 MBA 的全部課程，並完成了畢業論文。在她畢業的時候，公司老闆再次告訴她一個好消息：

經過研究，公司一致決定把她提為部門經理。

線上點評

　　毛豔姣這個曾被醫院「判死刑」的姑娘，在厄運面前沒有自暴自棄，而是把生命中的每一天都當做最後一天來過，不斷給自己制定新的目標，促進自己的人生走上更高的台階。這種自強不息的勤奮精神煥發出的生命力量，不僅戰勝了病魔，而且將她的人生提高到了一個常人難以達到的高度。

　　如果一個人在工作中不勤於學習，那麼他就會被擁有最新知識的人所取代。所以，要想在職場中站穩腳跟，必須認真對待工作，不管面對什麼樣的困難，在工作中都要總結經驗，學習最新的知識，並應用於工作中，這樣你才能不斷發揮出自身優勢，為自己規劃出更遠大的目標。

　　尤其對於年輕人來說，更應該像毛豔姣那樣，在工作中勤奮學習，進而追求理想的職業生涯。在如今這個充滿了機遇和挑戰的時代，如果一個人只想著如何少做點工作，多玩一會兒，那麼他遲早會被職場所淘汰。

　　享受生活固然沒有錯，但怎樣成為老板眼中有價值的職業人士，才是最應該考慮的。一位有頭腦的、智慧的職業人士絕不會錯過任何一個可以讓他們的能力得以提高、讓他們的才華得以施展的工作。儘管這些工作可能薪水微薄，可能辛苦而艱巨，但它對我們意志的磨煉，對我們堅韌性格的培養，是我們一生受益的寶貴財富。

　　因此，正確地認識你的工作，勤勤懇懇努力去做，才是對自己負

責的表現，只有它才是你登上更高目標的梯子。

專家提醒

職場人士要想把自己變成一個勤奮的人，就需要從以下幾二個方面努力：

◆牢記自己的夢想

只有給自己一個奮鬥的理由，你才能堅定信心，鍥而不捨。有太多的人只為工作而工作或只為薪水而工作，所以他們往往把工作當成一項責任或者懲罰，這種思想註定了他們只會偷懶和拖拉。而如果你把它當成實現夢想的階梯，每上一個階梯，就會離夢想更近一點，你還會那麼痛苦嗎？

◆學會用心工作

勤奮工作不僅要盡善盡美完成工作，還必須用你的眼睛去發現問題，用你的耳朵去傾聽建議，用你的大腦去思考、學習。勤奮工作不是機械的工作，而是用心在工作中學習，在學習中提高。在上班時間不能完成工作而加班加點，那不是勤奮，而是不具備在規定時間內完成工作的能力，是低效率的表現。

◆自己獎勵自己

勤奮總與苦和累聯繫在一起，如果長期處於苦和累的環境中，你可能會厭倦，甚至放棄，所以，適時獎勵自己一下是非常重要的。勤奮並不是要你一刻不停的工作，把自己弄得筋疲 力盡只會導致低效率。所以工作累了的時候不妨花上幾分鐘時間放鬆一下，讓自己緊張的大腦透口氣。

◆成功之後還要繼續努力

勤奮通向成功，而成功很可能會成為勤奮的墳墓。很多人在憑藉著勤奮努力終於被上司提拔和重用之後，就覺得應該放鬆一下自己了——為自己前段時間那麼辛苦的工作補償一下，結果又回到原來那種好逸惡勞、不求上進的生活狀態中去了。

因此，你要記住，在取得了一個小目標的成功之後，要重申自己的大目標，告訴自己還有更加美好的前途在等著自己，使自己重新振作，繼續發揮優勢，永不滿足。

在職場中永立不倒的英雄所憑藉的是跟蹌中的執著，重壓下的勇敢，逆境中的自信，艱苦中的勤勉和奮發，是在任何環境中的扎實工作和鍥而不捨的求知精神，這是他們成功的祕訣。

以今日之最佳表現凌駕於成績之上

⚰ 主題連結：超越自己

成功的職場人士會不斷拓展自己的潛能以提升自己的價值。誠如一句名言所說：「我們人生的志向並不是超越別人，而是超越自己的記錄，以今日更新更好的表現凌駕於昨天的成績之上。」這樣的生活態度需要投入極大的心力，但是大多數人都不願意這麼做。

在職場中，個人的成就並沒有一條終點線。縱然可以達到一個里程碑，激勵自己有繼續走下去的動力，但是你千萬注意，別讓自己在各種誘惑的影響下停滯不前。人們往往會逐漸安於平庸，沒有任何挑戰性和啟發性的標準，而這樣的標準會成為你前進的阻力。你得放寬

職場神隊友
與其等貴人，不如自己當貴人

眼界，將自己的期望提升到嶄新的領域，挑戰自己能力的極限，並且掌握新的契機，方能避免陷入這種平庸的陷阱。

職場故事

超越自己的「戰地女神」

　　著名女記者閭丘露薇，出生於一個普通工人家庭。閭丘露薇四歲那年，父母因感情不和離異，母親獨自一人去闖世界，一去十多年沒有音訊。閭丘露薇那時太小，並不清楚父母感情上的事。小時候，閭丘露薇就特別喜歡看書。那時家裡很困難，拿不出更多的錢買書，閭丘露薇只能把家裡的《西遊記》之類的書翻了又翻，每天晚上還要父親講書裡的故事給她聽。

　　上小學以後，她大部分時間住在爺爺奶奶家。正是在這種情況下，閭丘露薇很早就學會了照顧自己，到了國中時上寄宿學校，她的獨立生活能力就比別的同學都強，她經常熱心幫助和照顧其他同學。父親鼓勵和支持閭丘露薇參加學校的各項活動，她的潛能也不斷被激發出來，上國中期間她參加了小記者團，採寫了不少文章，這時也顯現出了她文學方面的天賦，為她後來從事記者工作打下了一定的基礎。

　　十歲那年，閭丘露薇才意識到自己的母親一直沒有回來看過自己。她就纏著父親去看母親，父親見瞞不住了，於是就把自己與閭丘露薇媽媽離婚的事告訴了女兒，希望她能理解自己，不要因此影響學習。閭丘露薇當時對父親提出的要求是：「如果以後母親來找我，一定

要告訴我，我很想見她！」父親爽快的答應了，於是她天天盼著媽媽來看自己。

　　閭丘露薇上高二那年，有一天，失去聯繫達十四年之久的母親突然回來了。原來，閭丘露薇的母親當年做起了服裝生意。經過一段時間的相處，閭丘露薇重新接受了母親，暑假時甚至還跟母親去幫母親做做生意。

　　此時，母親要閭丘露薇去考托福，說是考取後由她出錢供閭丘露薇去國外讀書，閭丘露薇聽後開始用功讀書，托福考了五百五十分，但沒拿到獎學金。等到美國一所大學的入學通知寄來時，閭丘露薇的母親卻沒法拿出那麼多錢供女兒去國外讀書了。父親得知情況後，馬上要女兒抓緊時間準備考試，於是她又投入到緊張的學習中。經過努力，閭丘露薇考取了大學。

　　閭丘露薇大學畢業後，被分配進了一家國際外運公司實習，三個月後，公司希望她留在該公司工作。能進這樣的跨國公司，是許多面臨畢業的學生夢寐以求的事，此時閭丘露薇的一位已開始工作的同學則勸她到外面闖一闖，閭丘露薇一時無法決定：留在這裡進大公司，以後的工作和生活都將是平平穩穩的；但是外面的世界也充滿著吸引力，是許多青年的嚮往之地，以前閭丘露薇在幫母親做生意的時候，她是深有體會的。

　　她是一個十分要強的人，留在大公司裡雖然很穩定，但是她不滿足於這種平凡生活。於是，閭丘露薇把自己的心事說給父親聽，父親聽出女兒很希望出去闖一番事業，可他也擔心女兒去了會跟著她母親而不再回來。內心經過激烈的交戰，他最終還是決定放手讓女兒去

職場神隊友
與其等貴人，不如自己當貴人

闖。

　　就這樣，她憑著良好的外語水準，閭丘露薇很快應聘到一家酒店做大堂經理。不久，她又跳槽進入了會計師事務所。

　　後來，閭丘露薇和香港男友結婚，半年後移居香港。到香港不久，她在報紙上看到一家電視台的招聘啟事，要求能流利說中文和英語，於是她去應聘，結果很快被錄用了，接著閭丘露薇又應聘到剛剛成立的電視台，當了一名記者和經貿週報節目的主持人。進入電視台，閭丘露薇有幸參加採訪到許多重大歷史事件，其準確的新聞視角和採訪風格同時受到廣大電視觀眾的喜歡和電視台主管的認可。

　　憑藉自己的優勢，每遇重大事件，電視台都會安排閭丘露薇去採訪，讓她大展身手。

　　許多人說閭丘露薇是因為採訪伊拉克戰爭才真正出名的，可是很少有人知道她為此所付出的艱辛努力。在採訪伊拉克戰爭的時候，閭丘露薇知道死神距離自己有多近，可是為了能給觀眾帶來及時準確的新聞報導，閭丘露薇毅然堅守在炮火紛飛的巴格達。戰爭是無情的，閭丘露薇曾多次與死神擦肩而過。可是閭丘露薇沒退縮，這位戰地女神一直衝鋒在戰場的最前沿，為觀眾帶來更多、更新的新聞報導。

　　作為一名優秀的記者，閭丘露薇成功了，也成名了。她常這樣說：「我知道很多人把我看成成功的人，但是我覺得不是。在我的眼裡，成功的人能夠在一個領域具有權威性，但是我還沒有。我所聽到的都是說：『你真是太勇敢了。』我不否認，但是我知道，如果只是讓別人看到我的勇敢，而不是我做的新聞本身的內容和影響力，那我就不算成功。」

「在俄羅斯的時候，一個朋友對我說，露薇，你需要提高自己，因為如果人們談到你的時候，總是說這個女孩子非常勇敢，非常敬業，這是不夠的。我希望有一天別人會這麼說，因為在這個問題上露薇是這麼講的。我非常感謝這個朋友，真心覺得自己還有很多事情要做，還需要很多的努力……」

線上提醒

閭丘露薇從小就愛好文學，在就學期間就發揮出這方面的優勢，從大學畢業後，又到一家國際外運公司工作。面對優厚的待遇，她並沒有因此而滿足。她心中有著更大更遠的目標，她接連跳槽之後，看到自己的優勢還遠遠沒有得到發揮，於是又應聘進入電視台，從此她的事業一路風起雲湧拓展開來……

事實上，她每次把自己的成就標準定得都比周圍的人要高，不斷超越自己，使自己向更高的境界攀登。

職場上，人們在追求夢想以及目標的過程中，很容易半途而廢。面對種種困難、拒絕或失敗的打擊，唯有不屈不撓堅持下去，才能夠成功達成自己所希冀的目標。

心理學家喬伊絲博士這麼形容成功的人：「……願意投注更多的時間來完成工作，而且就算面臨諸多困難的打擊依然不屈不撓。人們願意為了完成工作而投注的時間和其成果之間有著相當大的關聯性。」就算面臨各種阻難，依然努力向前，這種屹立不搖的力量正是成功人士的一大特質。

雖然各式各樣的打擊、挑戰以及失望一再襲來，但是他們依然努

力向前，深知自己最終可以實現企盼已久的夢想（至少也可以實現部分夢想），不論需要付出什麼樣的代價，都願意忍受各種痛苦和煎熬，努力克服各種障礙，去實現更高的目標。

專家提醒

在邁向終極目標的路途上，每位職場人士要深思熟慮，走在既定的軌道上，根據以往的經驗來做決定；匆忙、莽撞的追求，沒有邏輯的轉向或是忽視止步的標示，都不能順利到達理想的境地。

成就或許沒有終點，但是成功的人突破短期目標的「終點」之後，會繼續追求新的挑戰以及更大的滿足，並且將此融入生活中。他們每天都會重新充電，帶著充溢的活力投入新的挑戰和冒險當中。

危機觸發最佳表現

✗ 主題連結：激發潛能

我們每個人都有一百四十億個腦細胞，實際生活、工作、學習中只利用了肉體和心智慧源的極小部分。如果與人的潛力相比，我們只是處於半醒狀態，還有許多沒有發現的潛能，只有激發更多的潛能才會成就人生。

毋庸置疑，人類是萬物之靈長，宇宙之精華，每個人都具津有光大生命潛力的本能。為生命本能效力的就是人體內的創造機能，它能創造人間的奇蹟，也能創造一個個最好的你我。

很多處於職場中的年輕人常陷入這樣一個誤區：他們常以為潛能是天生的，是無法被人加以改進的。但是實際上，大多數人的潛能都

是被人喚醒或受刺激而突發的。這種潛能在大部分時間裡都處於酣睡蟄伏狀態，它一旦被喚醒，就會讓你做出許多神奇的事情來。

職場故事

柳傳志的成功祕訣

●●●

在民營公司榜上，柳傳志的公司以一百七十多億的營業收入總額響滿四方。有人說柳傳志是電腦產業的象徵，這話一點也不誇大。

那麼，是什麼原因使柳傳志取得如此巨大的成就呢？柳傳志說：「立意高，才能制定出戰略，才可能一步步按照你的意志去做。立意低，只能做到什麼樣子是什麼樣子。」柳傳志對立意有一個十分精妙的比喻：火車站有一個賣餡餅的老太太，她分析買餅的客人都是一次客，因此，她把餡餅煎得表面挺油，裡面卻沒什麼餡，賣一個是一個，這是她的立意；而鞋帽店做的是回頭客的生意，所以，他的鞋子要做得穿著合適舒服，這就是立意的高低區別。

柳傳志在這裡強調的立意其實就是指人生的志向，高立意就是大志向，低立意就是小志向。在他創業之初，他非常重視立意的作用，因為他很清楚，在一個企業的發展過程中，肯定會遇到很多困難，只有志向高遠，有高的立意，才能牢牢記住自己所追求的目標，才能激勵自己不斷前進，才能挖掘出公司核心層的潛能和智慧，也只有這樣才能取得更大更輝煌的成功。

職場神隊友

與其等貴人，不如自己當貴人

永不疲倦的「雄鷹」

●●●●●●●●●●●●●●●●●●●●●●●●●●●●●●●●●●●●●●●

二十五歲的吳鷹放棄了令人羨慕的大學教職，登上了前往美國的飛機。

經過一年的努力，吳鷹進入了美國著名的貝爾實驗室。在通訊領域，美國領導著世界潮流，而貝爾實驗室則執美國通訊研究之牛耳，當時，該實驗室就有七名諾貝爾獎獲得者。

這裡良好的研究環境極大的觸動了他的思想，讓他得以著迷於當時還少有人知的多媒體研究，為其以後在通訊領域發展打下了深厚的學術基礎。

但時間一長，吳鷹發現這些東西不足以讓自己滿足，他要的是最大的發展潛能。可是，貝爾實驗室在這點上卻不給他機會。在貝爾，作為華人，吳鷹不能參與最頂尖的專案研究，不能參加最重大的業務談判，時間久了，吳鷹就覺得有些鬱悶。正在此時，同在實驗室工作的薛村禾打電話給吳鷹，問他有沒有興趣辦公司。雖然素未謀面，但是吳鷹一口就答應了，第二天兩人見了一面，當即決定辦一家自己的公司，就這樣，他們合辦的公司在美利堅的土地上誕生了。

正當吳鷹全速前進時，一個對他今後的發展產生重大影響的人出現了，同樣是留學生出身的陸弘亮站到了吳鷹面前。具有相同夢想的陸弘亮和吳鷹一相逢，就做出了一個對兩個人來說都會永遠慶幸的決定——兩家公司合併。合併後的公司問世後，公司總部設在美國矽谷，陸弘亮出任總裁。

透過這樣的設立，吳鷹和他的夥伴將公司打造成了一個真正具有

特色的美國公司，它們以美國式的管理方式，遠遠走在了同行的前面。

線上點評

故事一中柳傳志的成功在很大程度上應歸功於他在創業之初就有遠大的志向，他們為自己畫的圈子非常大，比如說僅以財富而言，柳傳志的立意就是到要做到三十億美元的天文數字。如果沒有如此高遠的立意，能做到現在這種地步嗎？如果說有這樣的可能性也只能是撞大運撞來的，但又有誰和哪個公司能撞到數萬億元的財富呢？

由此可見，柳傳志成功的關鍵還是在於他們的立意。正是這種高遠的立意讓他們發揮了更大的潛能，從而使聯想集團不斷發展壯大起來。

故事二中年輕的吳鷹原本在大學任職，但是這裡的生活並沒有激發出他更多的潛能，因此他放棄了這種生活來到了美國的貝爾實驗室。在這裡他學到了很多東西，並為日後在通訊領域的發展打下了深厚的學術基礎。

但是受到客觀因素的影響，吳鷹的潛能還是沒有得以發揮。這時，他和幾個志同道合的朋友聯合創辦了公司，從此，他便像一隻雄鷹一樣展翅飛翔在更廣闊的天空中。

從兩個故事中可見，任何一個職場人士的成功都不可能是天生的。能成功的人喚醒了心中沉睡的巨人，開發了自己無窮無盡的潛能。因為所有的成功者都是志在成功。因為他們志在成功，所以就會抱著一種積極的心態去開發自己的潛能，就會有用不完的力量。相

職場神隊友
與其等貴人,不如自己當貴人

反,如果一個人根本就沒有想過成功,這個人的心態就一定是消極的。這種消極心態就會嚴重影響潛能的開發,擁有的能量得不到開發利用就會變得毫無價值。

那麼,人的身體內到底存不存在潛能呢?人的潛能到底有多大呢?答案是:人的身體內不但存在著潛能,而且相當豐富,並且是愈用愈多,愈用愈大。潛能之多、潛能之大有時簡直令人難以置信。

在職場中,當我們試著走進失敗者的隊伍中去詢問他們的得失時,你將會發現,大部分人之所以失敗,是因為他們從來就未能發現使之興奮而鼓勵他們前行的環境。也就是說,他們的潛能從來就未曾被喚醒過,這樣,他們就沒有力量從不良的環境中掙脫出來。

因此,在任何情形下,你都應不惜一切努力,投入能喚醒你的潛能刺激你走上自我發展之路的環境中。

專家提醒

潛能是能傳染的,它能感染你所處的環境。那些在你周圍的人在奮進的過程中所取得的勝利,會刺激並鼓勵你做更艱苦的奮鬥而達到他們的水準,取得更大的成功。假使我們有潛能而不想去實現它,那麼我們的潛能將不能保持一種銳利而堅定的狀態,我們的優勢也將變得遲鈍而失去活力。

人的潛能只有在行動中才能發揮出來,而危急關頭則更可能有最佳的表現。在這樣的時候,我們往往會做出一些意想不到的事情來,讓周圍的人刮目相看。

永不滿足

☒ 主題連結：永不滿足

　　要想在職場上有令人驚嘆的表現，你就不能滿足現有的成績，你必須在你的優勢上超越所有人對你的期望才行。一位專業的職場人士深信成功的祕訣在於：為自己設立高目標，超越別人對你的期望。

　　無論是個人的生活層面還是專業生涯上的表現，我們隨時都需要百分之百的投入才能有望傑出。光是投入百分之八十六、百分之九十三，甚至百分之九十八，都無法令人驚嘆，頂多只能做到差強人意而已。盡自己的本分並不是一個能夠激勵人心的目標，如果你想要別人注意到你的努力，那你可得努力超越自己，達到令他人驚嘆的地步才行。

職場故事

擁有兩個「孩子」的「父親」

　　張勇從學校畢業後，就去參加當時著名的外資廣告公司的應聘考試，結果他以優異的成績被順利錄取，成為公司媒介部的第一位員工。在公司的四年，張勇接受的是國外廣告公司的啟蒙教育，得到的是國外廣告公司的全新理念。

　　但是，由於一起意外衝突，張勇和老闆發生了激烈的爭執，並為之離開了公司。這件事，對於任何人來說，都應該是人生的一次重大打擊，但張勇卻這麼說：「在公司的四年中，我接受的是國際一流公司的培訓，學習的是一流公司的經驗，好企業本身就是一所好學校。」

職場神隊友
與其等貴人，不如自己當貴人

　　在以後的道路上，張勇又面試了許多家公司，而且每家公司都非常欣賞他的才華。但是張勇是一個不滿足的人，他有更高的目標。有一次，他在網上了解到一條消息：人們一般都認為媒介只是廣播、電視、平面媒體和戶外媒體。

　　而實際上在國外，還有一個市場，廣義的叫直銷市場，狹義的叫直銷信函──DM。在美國，每年直銷廣告的收入，竟然占了美國全年廣告總收入的百分之十七還多，於是張勇開始反思起來。

　　這時，他又去了美國，親自做了市場調查。回來之後，張勇一直在思考，同時來到另外一家廣告公司，和幾個年輕的夥伴想在這個民營企業試試身手。張勇在這家公司不僅買斷了多家報紙的主要欄目，還和另外一家公司一起，將當時發行量很大的一份報紙的廣告經營權連同發行權一起買下。

　　可是事情並不是想像得那樣簡單，他們又犯了一個錯誤。他們認為買下一份報紙，可對方認為他們只是一個廣告經銷商。儘管當時他們投入了一千多萬血本，做得卻不很成功，正如張勇自己說的：「那時我們等於是在養孩子，養著養著發現，我們養的孩子突然變成別人的了。」

　　透過與每家公司的接觸，都給了張勇證明自己的機會，使他對自己的優勢有了非同尋常的自信，他迫切想要一個自己的「孩子」，一個完全按照自己理念打造的「孩子」。於是他經過一系列的調整之後，和夥伴們創造了一本純粹的 DM 雜誌。張勇在此之前策劃了很長時間，因此他們在雜誌第一本的封面上，做了一個孩子的頭像，這個雜誌也成為他們名副其實的「孩子」。

第五章 絕對不要安於現狀
永不滿足

　　機遇總是留給有準備的人。作為單一市場的 DM 刊物，本地市場的客戶是張勇最主要的支撐，正是當時房地產升溫，給了雜誌的降生以最強的支持。沒有什麼能比用結果證明自己的判斷和預期更讓人產生自信的了。正如張勇曾說：「我這個人挺順的，很幸運，總能不斷證明自己，雖然有時沒有得到很大收益，但這種自信的積累很珍貴。」

　　也許張勇這段話，可以成為他後來成功的一個注腳，能讓我們明白，張勇看重的究竟是什麼。他把每次看似失敗的結果，都當做一個跳板，一次新的成功的前提，這才是張勇所說的「幸運」。可是作為一般人，誰又有膽量去不斷嘗試「開篇之作」。

　　但是張勇在商務通只做了很短的時間，後來，他在眾人驚異的目光中，離開了商務通，因為他又有新的目標了。即使是商務通成功後的日子裡，他也始終念念不忘再生一個自己的「孩子」。

　　張勇的第二個「孩子」降生了。對於這個孩子，他曾如是說：「我們除了做 DM 雜誌，還做一些電視台的廣告代理以及一些電影的廣告代理。我們透過其他方面的一些經營，來養活這本雜誌。我們把其他一些經營產生的一些利潤，作為這個專案的投資。」

　　你可以想像，用掙錢的項目養不掙錢甚至賠錢的 DM 雜誌，這應該是一種什麼樣的理念？這需要多大程度的執著和自信？張勇有超常的自信，他堅持了這一理念，結果雜誌終於在一年後出人意料的盈利了。

　　雜誌盈利後，張勇自己這樣說：「如果說現在，我們比其他 DM 雜誌高明在什麼地方，那就是，我們不只局限於雜誌的本身。我們已經從去年開始做商業信函了，我們開始做行銷資料中心……」事實

職場神隊友
與其等貴人，不如自己當貴人

上，張勇領導公司所做的直投信函非常細，對於這樣到位的策劃和操作，廣告客戶當然願意把銀子扔給他們。幾年來，張勇的這個「寵兒」就是在這樣的精心餵養下長大了，並且開始回報「父母」給「他」的養育之恩。

回顧五年前，張勇在 DM 市場空空如也，拔劍四顧無人能夠應戰的情況下創業，仗著天時、地利、人和走到今天，隊伍不斷壯大，基地不斷鞏固，新戰場不斷開闢。

對於將來的發展，張勇曾這樣說：「現在我們所做的還只是執行工作，將來提升層次的話，我們要更多地做策劃工作，比如一個房地產客戶，我要根據它的專案，根據它的位置、售價、優勢，判斷它的受眾人群即目標人群是什麼，我們針對這些目標人群來策劃應該怎麼做，採取什麼樣的行銷模式，這才是我們要發展開拓 DM 直銷市場的精華和核心部分。」

張勇就是這樣一個人，一個不滿足現狀的人，他要將自己的才華在更廣泛的領域裡得以拓展和發揮。

線上點評

張勇是一個敢於向高目標挑戰的人，儘管他在多家公司裡表現得非常出色，但是他還是不滿足於現狀。

起初他在公司的四年裡學到了很多東西，正如他自己說的一樣：「我接受的是國際一流公司的培訓，學習的是一流公司的經驗，好企業本身就是一所好學校。」他在這裡學到了先進的經營理念，但是為了更高的目標，他毅然轉投另一家公司，他要昇華這些理念，他要將這

些理念賦予一種全新的文化精神。

張勇先後創辦了兩本雜誌，這一純粹的 DM 雜誌開創了先河，他為此付出了大量的艱苦勞動，沒有因為困難而放棄自己的目標，他成功了。他又開始去做商業信函……他在向成功的極致發起了挑戰。

一名美國的成功職場人士曾經說：「不管做什麼事情，都要全力以赴，成功的祕訣無他，不過是凡事都自我要求達到極致的表現而已。」

專家提醒

一般人認為還可以接受的水準，對於成功的職場人士而言，是無法接受的低標準，他們會努力超越其他人的期望。不斷提升自己的標準，希望能夠更上一層樓，而且非常注意細節的部分，願意不斷驅策自己擺脫平庸的桎梏。全力以赴不是一觸可及的事情，你必須不斷要求自己，首先調整自己的心態，並對所採取的方法和所體驗的成果負責。

職場神隊友

與其等貴人，不如自己當貴人

第六章　現在還來得及改變

利用好你的時間

ⵝ　主題連結：利用時間

在職場中，一個人如果不能有效利用有限的時間，就會被時間俘虜，成為時間的弱者。一旦在時間面前成為弱者，他將永遠是一個弱者，因為放棄時間的人，同樣也會被時間放棄。

假如你想改變你的人生，就必須認清時間的價值，認真計畫，準備做每一件事。這是每一個人只要肯做就能做到的，也是一個職場人士走向成功的必由之路。如果你連時間都利用不好，那麼想要發揮你的優勢改變你的人生，就永遠也來不及了。

職場故事

吳珍和徐婭的故事

● ●

吳珍和徐婭是大學畢業的高材生，她們應聘到一家高級辦公室上班，做著一份一般意義上白領的日常工作。朝九晚五，白天上班，晚上回家，這對她們來說是十分開心的。

星期一，對吳珍和徐婭來說都有點忙。她們要做很多的事情，包括：做出下季的部門工作計畫，要在星期二上午交老闆；約見一個重要客戶；十一點半去機場接三年沒見面的大學同學，並把她安排妥當；要去一趟醫院，檢查一下自己的眼睛；去銀行辦理相關的手續；下班

職場神隊友
與其等貴人，不如自己當貴人

後和家人共進晚餐，因為今天是個紀念日，其餘的時間就是安排日常工作的內容，從中我們可以看出她們兩個是如何高效率安排時間的。

先看看吳珍是如何處理這些事情的。

星期日晚上

工作計畫拖了一週，昨天晚上不得不做了，但又要看電視劇，十點鐘才開始坐在電腦前，總算列出了一個大綱，但上床睡覺已經是凌晨兩點。

星期一

◎早上八點半～九點

由於昨夜睡得太晚了，實在太困，沒有聽到鬧鐘響，一睜眼已經快八點半了。吳珍一下子從床上蹦下來，梳洗打扮後，早飯也沒顧上吃就匆忙叫車到了公司，還是遲到了幾分鐘。一進辦公室，就聽到電話響，是老闆的，提醒她明天一上班就要交計畫書。

◎早上九點十分～十一點

吳珍打開電腦，上網進自己的信箱裡，開始一一回覆客戶和分公司的郵件，不停打電話答覆分公司的問詢。最後一個電話結束，抬眼看錶，已經上午十一點，到機場來不及了！

◎早上十一點～下午兩點

馬上向主管請假，一路上催著司機，趕到機場，還好剛剛過十分鐘，原來飛機晚點！幸虧晚點不久。二十分鐘後見到老同學，送到酒店，一起吃飯。這頓飯吳珍吃得有點心不在焉，因為兩點半要和客戶見面，所以一邊吃飯，一邊敘舊，一邊不斷打電話和客戶約地點，就這樣一頓飯吃得索然無味。

◎下午兩點半～三點

安排好同學之後，直奔約定地點和客戶見面。因為有眼睛的疾病，和客戶見面的時候眼睛一直流淚，弄得客戶莫名其妙。吳珍連說sorry，覺得自己十分狼狽。

◎下午三點五十分

回到公司，沖了一杯雀巢即溶咖啡，剛剛坐定，想再理一遍工作計畫，銀行的電話來催了。差點忘記回公司的目的：拿資料去銀行！此時的吳珍已經是頭腦發脹、眼花繚亂了。

◎下午三點五十分～四點二十分

沒辦法，還要去銀行，銀行卻突然需要增加一份檔。什麼事也沒辦成，吳珍生了一肚子氣，跟銀行理論了半天，批評銀行的工作效率，可是又解決不了什麼實際問題，只好再返回公司。

◎下午四點二十分～四點四十分

折騰了一天，太累了，腦子轉不動了，吳珍不想再理那份計畫書，晚上再說吧。先上網和網友聊聊天，這時感覺好多了。

◎下午四點四十分～五點

關了電腦後，看到滿桌堆著的文件，吳珍忽然覺得心裡好煩，想要整理檔案已經好幾個星期了，今天索性處理完好了。把檔案歸類，順手裝訂成冊，已經到了下班時間。

◎下午五點～晚上八點

總算下班了，和家人一起吃飯慶祝紀念日，可是忙了一天，實在太累了，她不斷打哈欠。

職場神隊友

與其等貴人，不如自己當貴人

◎晚上九點半

回到家中，泡了一杯濃濃的咖啡，又坐在電腦前，繼續完成她的工作報告。

現在，讓我們看看徐婭是如何安排時間的吧。

星期日晚上

休息了一整天後，精神很容易集中了，於是她在睡覺前，列了一個清單，把重要的事情在腦子裡過了一遍。想想明天的工作一樣會很輕鬆，不知不覺進入了夢鄉，時間剛好是晚上十點。

星期一

◎早上八點半～九點半

起床後，洗漱完畢，徐婭為自己準備了一頓可口的早餐。吃完飯，準時到了公司，按照昨天的構想，她開始打電話。

1. 打電話給各分公司，請他們將相關材料透過電子郵件傳送，並且告知上午不再接受他們的其他詢問，下午會給他們答覆。

2. 打電話給客戶約時間地點，將客戶約見地點安排在同學預定酒店的樓下咖啡店裡。

3. 和機場取得了聯繫，確定班機到的時間。

4. 打電話給銀行，確定相關手續的準備材料。

◎早上九點半～十一點

整個上午的時間，徐婭都用來完成最後的工作計畫，因為前一週已經敲定得差不多了，所以很快完成，並上傳給老闆。

◎早上十一點～十二點

和主管請了假後，叫車離開公司，順便拿到了銀行的一切資料。

因為知道飛機晚點半小時，所以她路過醫院看了看眼睛。

◎早上十二點～下午兩點半

到了機場後，老同學剛下飛機，她們在肯德基吃了午餐，氣氛和諧而又愉快。吃完之後，她安排好老同學之後就直接到樓下的咖啡店和客戶談事情。

◎下午三點半～四點五十分

和客戶談完之後，去銀行辦理了相關手續。回到公司後，將上午各分公司的事務集中處理完畢。

◎下午五點～晚上八點半

接到家人打來的電話，到洗手間把自己重新打理一下，和家人吃了一頓快樂的晚餐，過了一個有情調的紀念日。

晚上九點～十點

吃完飯後，痛痛快快洗了一個澡，和家人看了一會兒電視，十點準時睡覺。

線上點評

在職場中，許多人都覺得自己的生活就像吳珍那樣忙碌無功，那麼我們為什麼不能像徐婭那樣工作和生活呢？從兩個人的工作和生活中，我們可以看到：

第一，徐婭和吳珍最大的不同在於，一個是主動去做，一個是被動去做。徐婭的態度是：我要做，所以要聽我的安排。吳珍的態度是：要我做，所以我得做。實際上，這也是一個有關計畫的問題。

第二，按事情的重要度說，當天的事件順序是：完成工作計畫——

職場神隊友
與其等貴人，不如自己當貴人

約見客戶——接同學——晚餐。星期一之所以和其他的日子不太一樣，是因為有了這四件事情，那麼說明這四件事情不是日常的工作。吳珍卻犯了因小失大的錯誤，因為中午去機場時沒有拿到去銀行的資料，她就必須先回公司拿資料，因為到了銀行資料不全，她又不得不把去銀行的事情拖到明天，所以給客戶留下了一個莫名奇妙的印象。

第三，在工作中，不論是誰都會陷入突如其來的雜事中——辦公室不斷響起的電話和桌上擺滿的檔案，需要你簽字或同事找你有些無關緊要的事情——都會經常打亂你的思路和計畫。那麼在你做重要事情的時候，就要把這些雜事完全放在一邊。

第四，徐婭充分使用了合併同類項的做法。在同一時間段裡，盡可能搭順車，她把同客戶的約見地點定在同學入住的酒店裡，這樣安排讓她從容不迫。

第五，至少在紀念日的晚上，徐婭和吳珍的家人感受是不一樣的。實在很忙的時候，工作占用生活的時間是沒辦法的事情，但一定不要因為時間安排得不妥，而把工作和生活永遠混攪在一起。

由此可見，「凡事預則立」。如果你能制定一個高明的工作進度表，你一定能真正掌握時間，在限期內出色完成老闆交付的工作，並在盡到職責的同時，充分發揮自己的主動性。

總之，誰善於利用時間，誰的時間就會成為「超值時間」。作為一名員工，當你能夠高效率利用時間的時候，你對時間就會獲得全新的認識，知道一秒鐘的價值，算出一分鐘時間究竟能做多少事。這時，改變你的人生就會來得及。

專家提醒

　　大多數重大目標無法達成的主因，就是因為你把大多數時間都花在次要的事情上。所以，你必須學會根據自己的核心價值，排定日常工作的優先順序。建立起優先順序，然後堅守這個順序，並把這些事項安排到自己的例行工作中。

1. 急迫而重要的，非盡快完成不可，如方案的制定。
2. 重要但不急迫的，雖然沒有設定期限，但早點完成可以減輕工作負擔，增加工作表現，如工作的長遠規劃。
3. 急迫而不重要的，可以在接下來的時間完成。
4. 既不急迫又不重要的，如「雞毛蒜皮」的小事，在時間不夠時可以不用急著去做。

　　可見，「分清輕重緩急，設計優先順序」是時間管理的精髓。成功人士都是以分清主次的辦法來統籌時間的，把時間用在最具有「生產力」的地方。

不要輕視自己的工作

⅄ 主題連結：重視工作

　　工作是創造事業的要素，是發展自身優勢的工具。

　　一個不重視自己工作的人，絕不可能尊敬自己；一個不認真對待工作，視工作為低下、卑賤及粗劣代名詞的人，他的工作肯定做不好，在他的職場生涯中，絕不會有真正的改變。

　　一個人的終身職業，就是他的雕像，是美麗還是醜惡，可愛還是

職場神隊友
與其等貴人，不如自己當貴人

可憎，都是由他一手所創造的。

職場故事

七百萬元的創舉

●●

「一項大學生的成果賣出七百萬。」在某屆大學生課外科技學術作品競賽突然爆出了這樣一條新聞，而且迅速傳遍各地，引起了很大的回響。

在一間理工大學圖書館的簽字儀式上，林煒與一家農藥化工集團副總經理簽定了轉讓合約書，而轉讓費則高達七百萬元。這個天價打破了競賽中歷次成果轉讓費的最高記錄。而林煒也轉眼間成了轟動一時的風雲人物。

林煒是皮革工程專業的女碩士研究生，面對這似乎突如其來的成功和榮譽，她一臉的坦然和輕鬆。她不認為自己有什麼「靈感」和「天賦」，而只是覺得「水到渠成」，只是在實習中邊發現皮革生產問題邊想法解決。說來也挺有傳奇色彩，這位在皮革生產技術研究中取得巨大成功的姑娘，一開始選擇專業時卻是「另有其愛」——電訊專業。

林煒本來一心想學電訊專業，哪知道卻陰差陽錯進了皮革工程系。剛開始，林煒心裡挺不樂意：「那不就是做皮鞋嗎？我沒興趣。」為了這事她可沒少懷喪困惑過。但很快她便得知了在這一專業領域裡，學校設有輕工博士後流動站，而且還有博士學位授予權，其學術地位可謂數一數二。於是，林煒安下了心來學習，並隨同導師參加了皮革科學相關的技術會議。在會上，她不僅宣讀了自己的論文，而且

是會議主持人。

　　不久，林煒到一家工廠實習，她發現製革中採用的鞣劑各有優缺點，能不能有一種更好的新產品呢？這個念頭跳入她的腦中。從那年的暑假開始，林煒就一頭鑽進了新產品的研究中。新產品成型後，她又一頭鑽進了工廠進行試驗。幾個寒暑假幾乎都泡在了工廠裡，和工人一起吃，一起住，一起工作，在那段時間，她跑過的工廠就有二十多家。至於做的實驗，少說也有上千次。

　　後來，林煒帶著她的成果來到大學參賽。人山人海的大學生科技展廳裡，各式各樣的成果分外搶眼，而林煒的生產技術成果迅速成為了展區的搶手材料。眾多皮革企業代表都如獲至寶，有兩家皮革廠更是當即表示願出高價洽購。最後，一家農藥化工公司以七百萬元的轉讓費獨家買斷此項技術與成果。

　　對此，很多人都表示疑惑和擔心：一個大學生的成果？這麼多錢？萬一搞砸了怎麼辦？面對眾人的疑問，公司的副總經理回答得相當簡潔：「七百萬元，值。」事實上，這家公司確實吃到了科技的甜頭：早在兩年前，這家公司還在因為廢料無法自行處理、經濟效益不佳而舉步維艱，但自從試用林煒的新技術後，公司不僅解決了汙染治理的大困難，經濟效益也明顯提高了。

　　獲得了七百萬元後，一向儉樸的林煒不習慣被稱為「大學生首富」，她所想的一直都是：把轉讓費作為課題經費，繼續自己的研究。

線上點評

　　林煒無疑是一個非常重視自己工作的人，也許她的成功有自身的

職場神隊友
與其等貴人，不如自己當貴人

天賦成分，但主要是她對於工作的態度。一個人的工作態度塑造了他的工作成就，同時相應體現了他的內在價值。起初林煒對於自己所從事的皮革工程專業非常不樂意，但是她很快轉變了自己的態度，並全身心投入到工作中。她為了獲得成功在工作中投入全部的激情，她的努力並沒有白費。

事實上，任何一份正當和合法的工作都是高尚的，每一個認真對待工作的員工，都是值得尊敬的，關鍵是你如何擺正對工作的心態。

在現代公司裡，老闆安排每一個工作職位都是有道理的，沒有任何可以藐視的工作。如果你輕視自己的工作，那麼，老闆也必然會因此而輕視你的德行及你粗劣的工作成績。所以，一個輕視自己工作的人，不但在老闆眼裡沒有任何價值，對他本身來講也是一樣沒有價值。

也許有些工作看上去不是很體面，工作環境也很糟糕，很多人似乎不太關注它。但是，你千萬不要因此而看輕這樣的工作，你要用自己的尺度來衡量它，只要它對公司是有用的，就值得你去做好它。你完全可以在這樣的工作中提升自己的工作能力，為公司也為自己創造價值。

一個輕視自己工作的人，對自己手中的工作心不在焉，總是希望擁有高雅而輕鬆的工作，卻不敢面對自己工作中的挑戰，而花上漫長的時間去等待，為的就是找到稱心的職位。

其實他們不明白，只有挑戰目前的工作，做出成績來，才能得到晉升，擁有理想的工作。可是他們卻畏懼挑戰，並且找出許多理由，長此以往更看不起自己的工作了，他們永遠也無法成功。

專家提醒

　　你面對手中平凡乏味的工作，也許會這樣問：「即使我把它做好了，又有什麼用呢？」殊不知，許許多多的機會就蘊藏在極平凡的職位中。這時，只要對工作注入十萬分的熱情和認真的態度，你便會輕而易舉從千篇一律的工作中找出新的方法來，便能引起別人的注意，為自己尋找到發揮本領的機會，滿足內心的願望。

　　可見，不論你現在的工作多麼微不足道，你對工作如何不滿意，只要你用進取不息的認真態度、火焰似的熱忱、主動努力的精神去工作，那麼，你就會從平庸的職位上脫穎而出，嶄露頭角。當然，這種積極主動的精神也會幫助你走向成功。

壞情緒阻礙你發展的腳步

△　主題連結：控制情緒

　　許多職場人士在工作中會因一點小麻煩而大發雷霆。事實上，人人都有不易控制自己情緒的弱點，但並非註定要成為情緒的奴隸或喜怒無常的犧牲品。學會怎樣清除破壞我們幸福生活和阻礙我們成功的情緒敵人，是一門精深的藝術。

　　我們應當盡力抹掉頭腦裡一切令人討厭的、不健康的情緒。每天清晨起來，我們都應該是一個全新的人。我們應當從我們的思想長廊裡抹去一切混亂的東西，取而代之的是和諧、振奮、清心怡神的東西。

職場神隊友

與其等貴人，不如自己當貴人

職場故事

走出陰影的韓強

●●●

韓強從一所技校畢業後，應徵過許多工作，但他卻一直在跳槽，因為他一直找不到理想的工作。

有一次，他聽說一家維修公司招工，決定前去試一試，希望能夠換一份待遇較高的工作。他星期日下午到達公司所在的市區，面試時間定在星期一。

韓強在一家旅館住下了，吃完飯後，他獨自坐在旅館房間中，不知為什麼，他想了很多，把自己經歷過的事情都在腦海裡回憶了一遍。突然間他感到一種莫名其妙的煩惱：自己並非一個智力低下的人，為什麼至今依然一事無成呢？

想到這兒，他取出紙筆，寫下四位自己認識多年、薪水比自己高、工作比自己好的朋友的名字。其中兩位曾是他的鄰居，已經搬到高級住宅區去了，另外兩位是他以前的老闆。他捫心自問：和這四個人相比，除了工作比他們差以外，自己還有什麼地方不如他們？聰明才智？事實上，他們並不比自己高明多少。

經過很長時間的思考，他悟出了問題的癥結——自我性格情緒的缺陷。在這一方面，他不得不承認自己比他們差了一大截。雖然是深夜三點鐘，但他的頭腦卻出奇清醒，覺得自己第一次看清了自己，發現了自己過去很多時候不能控制自己的情緒，愛衝動，不能平等的與人交往等等。

就這樣，整個晚上，他都坐在那兒自我檢討。他發現自從懂事以

來，自己就是一個極不自信、妄自菲薄、不思進取、得過且過的人。
他認為自己無法成功，是因為這些不良情緒抑制了自己的優勢發揮。

於是，他痛下決心，自此以後，絕不再有自己不如別人的想法，
絕不再自貶身價，一定要完善自己的情緒性格，彌補自己的不足。第
二天早晨，他滿懷自信前去面試，順利被錄用了。在他看來，之所以
能得到那份工作，與前一晚的沉思和醒悟讓自己多了份自信不無關
係。

在這家公司工作了兩年，韓強很快建立起了好名聲，人人都認為
他是一個樂觀、機智、主動、熱情的人。隨之而來的經濟不景氣，使
得個人的情緒因素受到了考驗。而這時，韓強已是同行業中少數可以
做到生意的人之一了。公司進行調整時，分給了韓強可觀的股份，並
且加了他的薪水。

線上點評

韓強起初找不到好工作，並不是沒有發現自身的優勢，而是他從
小就不善於控制自己的情緒所造成的，是那些不自信的情緒影響了他
自身的優勢的發揮，使他難以改變現狀。當他認識到這一切之後，他
開始改變了。

心理學家們都認為情商是一種心靈力量。作為一種力量，它對一
個人的成功有著舉足輕重的意義。

良好的情商素質，最重要的是性格穩定。穩定的含義，就是能以
一貫的激情來對待工作。遇到困難不容易產生退縮的心理，遇到問題
不認為是自己的能力差所致。穩定的情緒穩定的工作態度，能夠給自

己帶來自信，並在這個基礎上尋求改變。

如果你覺得憂愁或焦急的時候，如果你不自然地緊張或與自己過不去的時候，不妨暫停一會兒，在心裡告訴自己說：「這並非一種睿智聰明、思維敏捷之人所過的生活，這並非一個完整的人的生活！這只不過是一個從未享受過生活樂趣的無知者的生存方式！」

人不應該成為心態的犧牲品，更不應該成為情緒的奴隸。有望成功的人不會對自己說：在執行我的計畫之前，我會等一等，看看我一大早的身體狀況如何。如果我不沮喪、不憂鬱，如果我不是消化不良，如果我的肝臟沒有毛病，如果我的身體還過得去，那麼，我會去辦公室，按計劃行事。你應該把影響情緒的話拋得越遠越好。

專家提醒

需要提醒大家的是：工作上遇到的很多難題，都不是能力以外的事情，而是情緒以內的事情。老闆之所以願意把工作職位交給一個人，自然不是出於對他的眷顧，而是認為他有足夠高的素質，經過培訓後能勝任這個職位。

如果一個人自省起來，發現自己在情緒上並不完好，那就應該對此做出修正。應該認識到，情緒是多年以來形成的東西，要改掉是有一定的難度，在改造自身情緒的過程中肯定會

有一些困難，關鍵是要堅持，千萬不要說：「我無法改變。」

毅力，讓你堅持去改變的態度

☖ 主題連結：毅力

職場中競爭激烈，每個人都會遇到很多失敗。如果我們必須一次次去做，那麼就要求我們具有頑強的毅力。當想從一件事情中退出時，我們總是感到很喪氣，這時我們的腦海裡要響起這樣一個聲音：「如果我們想要改變自己的人生，只要不放棄就會來得及！」這就是毅力的呼喚。在我們成長的過程中，我們要經常去聽從這樣的聲音。

一個人的才能甚至運氣對他改變自己的人生的確會有很大幫助，但是毅力卻可以使其發揮更好。那些懂得堅持的人，最後在職場中總是能夠做得很好。

職場故事

勇於改變的曹珍

曹珍大學畢業後開始找工作，折騰了一個月都沒有找到合適的工作，她幾乎絕望了。

這時，她聽一個朋友聊天，說起某個進出口公司正在招聘翻譯，曹珍馬上覺得這是個機會。但是她是學中文專業的，雖然英語水準不錯，畢竟沒有做過翻譯，再說她對進出口業務更是外行，心裡很是沒底。「無論如何，應該試一試。」曹珍想道，「這樣我才不會覺得遺憾。」

她去面試，公司因急於要人，所以雖然曹珍專業不適合。還是決定聘用她。曹珍心裡非常開心，她預感到這是自己人生的一個轉捩

職場神隊友
與其等貴人，不如自己當貴人

點。雖然工資很低，但她不在乎。相反，她感謝公司給了她這樣一個機會。

公司要她第二天就上班，而且很多業務急需處理。曹珍是帶著字典和外貿英語書去的。面對自己一竅不通的外貿業務和那些專業詞彙，曹珍不知所措，她差點要打退堂鼓。但是她覺得就這樣放棄，有點太丟人了，而且自己並不是缺乏勇氣的人，別人能做到的事情，自己為什麼做不到呢？於是她決心要做出個樣子來。

就這樣，她一邊工作一邊學習。每晚，她都下大力氣啃外貿英語、專業辭典和有關公司產品的資料。在公司，她虛心向老員工請教並廣為搜集產品的行情資訊。她的中英文函件越寫越快、越寫越好，主管不在的時候，她也能獨立應付了。大家都沒想到她進步這麼快，不由對她刮目相看。

曹珍的業務水準大為提高，主管非常高興，凡是重要的客戶來時都帶上她去接洽。她跟著主管走遍了和公司有業務往來的廠家，對這一行越來越了解。不到半年，她已經成為主管最得力的助手。

曹珍覺得進出口業務最難的倒不是與客戶打交道，而是寫正確的報關單。該公司以前聘過幾個翻譯，總是在報關單的問題上碰壁。曹珍接受了這一挑戰。她讀了不少外貿方面的書，又把一張張報關單翻來覆去看得一清二楚。她發現之所以報關單出問題，一是格式問題，另外一個重要原因是未將信用證看清楚，或說未真正理解對方開來的信用證，有時只因幾個介詞的誤解，便將發貨地點弄錯了。曹珍找到了關鍵所在，以後的報關單再未被打回過。

在這家公司做了一年，曹珍做得有聲有色。但她感覺到主管內心

對她並不信任。大約是以前有個翻譯是為別的公司做臥底的，竊取了公司的大量情報，所以主管不信任任何翻譯。曹珍不在乎薪水低，卻很在乎是否得到信任。一次，苦悶的她在一張報紙上，無意中看到一則製衣企業招聘翻譯的廣告，她決心去應聘。

去製衣企業應聘很順利，老闆很賞識曹珍，試用期便給了她很高的薪水。這個製衣企業有好幾家工廠，所有的產品全部出口。製衣對她來說又是個嶄新的開始，但她有了一年的進出口業務經驗，所以並不顯得外行。

在製衣廠認認真真做了三年翻譯，曹珍受到了許多外國大客戶的欣賞。一位客戶覺得與她合作非常愉快，建議她另立門戶。曹珍經過考慮，終於跳出來自己開了一家製衣廠。回顧自己所走的路，她感到慶幸——自己沒有被生活打敗，而且還改變了自己的一生。

線上點評

儘管曹珍趕上了一次很好的機會，使她進了一家進出口公司做翻譯，但是如果不是她有頑強的毅力，就會放棄自己的工作，面對自己一竅不通的外貿業務和那些專業詞彙，曹珍不知所措。她差點要打退堂鼓，但是她堅持了下來，因為她要尋求改變。於是她努力學習，虛心求教，最後她不僅在職場上，取得了成功，而且還自己做了老闆。

可見，在這個充滿競爭、充滿挑戰的職場中，當你確定好自己的目標以後，很難逾越的困難和艱苦的奮鬥也會接踵而至。如果此時稍有鬆懈，不僅不可能達到目標所在地，還很可能會讓你從此一蹶不振。面對困難和波折，最需要的就是耐心和毅力。

職場神隊友
與其等貴人，不如自己當貴人

每個人的人生都會遇上多次困境，工作上也是一樣，如果你的解決方式是逃避的，那麼困境將會一次又一次造訪你，也就是說，逃避完全解決不了問題。只有勇敢面對困境，不論困境的起因為何，必須全力度過困境，這是任何人都明白的道理。

表面上看來，困境似乎總是複雜的，不過我們能做的只有好好面對它、解決它，然後承受它的結果——不論結果是好是壞。就另一方面而言，困境其實也是相當單純的。

真正會在困境中阻撓你的，其實是你自己。如果在遇到困境時腦海裡還是想著「希望能毫無損失度過困境」、「希望解決難題的方法能酷一點，不要落到那麼難堪的下場」，那麼為了想到所謂的「妙計」，人就會自然而然陷入煩惱之中，這麼一來原本很單純的狀況，也會被自己搞得很複雜。

因此，不管是平時還是遇到逆境，你唯一的方法就是集中全力對付眼前的事，永不放棄，爭取最佳結果，而不應是躲避、退縮、恐懼。

專家提醒

在職場中，要克服工作中的困難，培養頑強的毅力，需要我們記住下面幾點：

1. 做個主動的人。要勇於實踐，做個真正做事的人，不要做不做事的人。

2. 不要等到萬事俱備以後才去做，永遠沒有絕對完美的事。預期將來一定有困難，一旦發生，就立刻解決。

3. 你要推動自己的精神，不要坐等精神來推動你去做事。主動一點，自然會精神百倍。

4. 時時想到「明天」「下星期」「將來」之類的句子跟「永遠不可能做到」意義相同，要變成「我現在就去做」的人。

5. 立刻開始工作。不要把時間浪費在無謂的準備工作上，要立刻開始行動才好。

6. 態度要主動積極，做一個改革者。要自告奮勇去改善現狀，要自動承擔義務工作，向大家證明你有成功的能力與雄心。

用創造性思維連接你的人生

ꓫ 主題連結：創造性思維

創造性思維決定了一個人到底能有多少突破。凡是保守、陳舊的思考習慣只能重複過去，而不能改造過去。成大事者的習慣是：發揮創造性思維的能量！

那些不能突破自身局限的人，之所以在許多場合毫無起色，是因為固守於常規性思維，從而決定了其不可能成大事。而創新性思維的核心是創造突破，而不是過去的再現重複。它沒有成大事的經驗可借鑑，沒有有效的方法可套用，它是在沒有前人思維痕跡的路線上去努力控制。

因此，創造性思維的結果不能保證每次都成就大事，有時可能毫無成效，有時可能得出錯誤的結論，這就是它的風險。但是，無論它取得什麼樣的結果，都具有重要的認識論和方法論的意義。

職場神隊友

與其等貴人，不如自己當貴人

職場故事

大學生當老闆

●●●

邱虹雲以全縣第一名的成績考上了材料工程系，他發明製做的「新概念天文望遠鏡」能拍下木星上的雲帶，這一高科技的望遠鏡成本極低。他還用極短的時間發明設計了多媒體超大螢幕投影電視，此產品跨電子、光學、機械等領域，而價格僅為國外同類產品的五分之一！這一驚天動地的「神祕發明」以及他黃金般珍貴且「潛能無限、不可抵擋」的頭腦，讓人震驚。

這一切成功的取得和他幼年時期的好學創新是分不開的。邱虹雲的母親是小學的數學教師，父親在氮肥廠中心化驗室工作。父親從邱虹雲剛讀幼稚園的三歲起，就經常帶他到化驗室去玩，久而久之，每到化驗室，小虹雲總是纏著要做實驗，父親於是有意的手把手教導他。有一次，小虹雲生病住進了一家醫院，他居然在病床上像模像樣的畫出了氮肥廠的機器設備以及化驗室內的儀器！父母親友當時就驚訝萬分，斷定「小子必有大作為」！

不僅如此，邱虹雲還有極強的「破壞欲」，在父母的默許下，任何到了他手裡的玩具，不管多麼高檔、多麼精緻，都會被他逐一拆開。為了看二極體、三極管的內部構造，他會認真用小鐵錘將玩具小心敲碎——許多精美的玩具因此不能復原，但另一方面，透過這種「破壞性活動」，他了解了其中的許多奧妙。

其實，邱虹雲發明設計最早始於小學四年級，用紙筒、凸透鏡造出了所謂的「天文望遠鏡」，居然能大致上看清楚天上的星雲星體。

後來，他的望遠鏡筒也升格為鐵水管、塑膠筒。進入國中後，他的「天文望遠鏡」不斷改進，甚至研製出了一架兩千零四十倍的折反射式望遠鏡，能夠觀測到更多的星雲星系。

國、高中時期，邱虹雲獲得科技發明、設計的各種獎項五十餘次，在報刊上發表小論文三十餘篇，學校甚至專門為他舉行了「邱虹雲科技獲獎表彰大會」。

大學時邱虹雲考入了材料工程系。第一學期，邱虹雲的學業考試成績雖然在全班是倒數第二名，但他的科研成績卻出類拔萃。第一次學校的課外科技發明比賽，他就得了第一名，開創了低年級學生拿大獎的先河。此後，他的發明便頻頻在校園內亮相，其數量之多、品質之高，甚至讓他被與愛迪生相提並論。

雖然後來邱虹雲的學業成績也有了大幅度進步，但父親仍在電話中反復告訴他：「大學是天下英才匯聚之地，你要給自己一個準確的定位。」父親還告訴他：「對純理論不感興趣無所謂，我們也無意要你當資優生。我們不在意你的試卷成績，關鍵是要學到真知識、真本領。」聽了父親的話，邱虹雲更是投身於發明創造之中。

從此以後，學校的每屆科技發明大賽，其特等獎、一等獎都被邱虹雲收入囊中。他獲得特等獎的作品「新概念天文望遠鏡」能夠清楚拍攝到幾百萬公里外的天體，上百公尺外的燈絲，而所有零件的成本全部加起來僅幾百元左右，這怎能不令人拍案叫絕！

更令人吃驚的是，邱虹雲在一次偶然的機會中，創造出了「多媒體超大螢幕投影機」。這可不是一般的投影機：一尺見方的鐵盒子，看不出有什麼特殊的地方，而觀眾卻可以從五十到一百五十英寸自動

職場神隊友
與其等貴人，不如自己當貴人

調節的大投影螢幕上看 VCD、錄影帶，還可播放電腦等數位訊號、類比訊號，並可透過網路收看當天世界各地的節目，與高級音響組合，還可建立真正意義上的家庭影院。其清晰度可達八百乘以六百，解析度比當時最先進的數位電視還高出一倍，而在當時該投影機的重量和價格都是最低的。

邱虹雲的這一傑作，註定了世界範圍內的電子行業將很快掀起新的革命。

而此時，一個叫王科的年輕人被他的作品深深吸引住了。

王科也是一位大學高材生，而且透過這些年勤工儉學積累了不少財富，這時看到邱虹雲的作品，就有一種和他合作辦公司的衝動。於是他鍥而不捨去說服邱虹雲，終於在用去整整一週後得到了回報：邱虹雲答應了，技術入股，一起開辦公司。而「公司」的領導層不可能只有兩個人，王科又物色到了正在讀 MBA 的好友徐中和李益斌。

對於這一想法，學校對四位在校生「理智下的激情」給予了充分肯定，並提供了實際幫助——將學校剛建的科技大樓的幾套辦公室半價租給了他們。邱虹雲等人湊起平時勤工儉學的積蓄，又到別處借了一部分，用五十萬元資金成功註冊了一家科技發展有限公司。四位在校大學生當上了名副其實的老闆——總工程師、技術總監邱虹雲，總經理王科，財務總監李益斌，副總經理徐中。

他們的公司正式向外界表明了自己的身份，並進行了現場展示，而且取得了相當大的成功。公司雖然成立了，但五十萬元的啟動資金實在太少了，怎麼辦？只能走融資的道路，按風險投資的運作方式，邱虹雲和夥伴們最終選擇了一家投資管理公司做自己的投資和財務顧

問，幫助策劃和融資。

公司的多媒體超大螢幕投影電視中試成功，這一年，一家公司與他們註冊三千萬資金，聯合成立了一家技術有限公司，共同投資開發生產多媒體超大螢幕電視，雙方各占百分之五十的股份。

二十三歲的邱虹雲也終於畢業，他一邊攻讀精密儀器碩士研究生，一邊和其他幾位好友繼續經營著自己的公司。

線上點評

邱虹雲，一個在校的大學生，為盡快將自己的科研成果推向市場，將其轉化為生產力而與志同道合者開辦了公司，這不僅為自己發揮優勢提供了一個廣闊的市場平台，而且創造了一個奇蹟。

無疑，邱虹雲是一個具有創造天賦的人才，他的發明和創造都源於他的創造性思維。在父母的鼓勵下，他的創造性思維不斷得到發揮和印證。他能夠從小小的玩具中激發靈感，從而使他在這一優勢領域不斷向更高更遠行走。

對於試圖成大事的人來說，他們必須明白：人們為了取得對尚未認識的事物的認識，總要探索前人沒有運用過的思維方法，尋求沒有先例的辦法和措施去分析認識事物，從而獲得新的認識和方法，進而鍛鍊和提高人的認識能力。

在實踐過程中，運用創造性思維提出的一個又一個新的觀念，形成的一種又一種新的理論，做出的一次又一次新的發明和創造，都將不斷地增加一個人成就大事的能力。

創新思維不斷滿足已有的知識經驗，努力探索尚未被認識的世

界，從而打開新的活動局面。沒有創新性思維，沒有勇於探索和創新的精神，一個人只能停留在原有水準上，不可能在創新中發展，在開拓中前進，必然陷入停滯甚至倒退的狀態。成功的可貴之處在於創造性思維的發揮。

一個成大事的人只有透過創造，才能體會到人生的真正價值和真正幸福。創新餅二思維在實踐中的成功，可以使人享受到人生的最大幸福，並激節勵人們以更大的熱情去繼續從事創造性活動，為自己的成大事之路奠定基礎，實現人生的更大轉變。

插上想像力的翅膀

✗ 主題連結：想像力

世界軟體業巨頭微軟公司反復強調想像的重要性。微軟前總裁比爾·蓋茨曾經說：「對於微軟來說，唯一有用的資產就是人類的想像力，如果拿走微軟所有的大樓、房產和辦公硬體等有形資產──也就是說拿走所有能夠摸得到的財產，對於微軟來說和沒有拿走這些東西以前幾乎毫無區別。」

誠然，微軟公司反復強調想像力的重要性，其旨趣是一致的，那就是充分發掘人類的想像力，不斷創新開拓，以期生存發展；否則就可能停滯不前，被別人甩在後面。因為在當今世界，一個公司的價值在於它的理念而非財產。

你可以看到，人類今天的許多偉大成就，都是藉助想像力實現的。同樣，日常工作需要想像力，企業經營管理需要想像力，人際關

係的處理也需要想像力……下面的這個例子，應該是一個說明想像力
的絕妙例證。

職場故事

價格不菲的靈感

●●●

　　出生在美國喬治亞州克里夫蘭的羅伯斯從小就酷愛玩具娃娃。但
是當時他不清楚自己的優勢是什麼，只是出於自己的愛好而已。他考
上了一所大學後，中途卻退了學，因為他對讀書一點興趣也沒有，就
這樣他待在家裡開始創造玩具娃娃。

　　由於家庭貧困，他在二十三歲的時候開始在喬治亞州克里夫蘭的
家鄉一帶，銷售自己製做的、各種款式的「軟雕」玩具娃娃，同時還
在附近的多尼利伊國家公園禮品店上班。

　　後來，這個連房租都交不起的窮困潦倒的年輕人成為全世界最有
錢的年輕人之一。然而，這一切不是歸功於他的玩具娃娃具有多麼討
人喜愛的造型（事實上，它們並不好看）或它們低廉的售價，而是應
歸功於他在一次家鄉市集工藝品展銷會上突然冒出的一個靈感。

　　那天的天氣非常好，羅伯斯為了盡快推銷出自己的產品，早早就
來到了市集上。羅伯斯擺了一個攤位，將他的玩具娃娃排好，自己站
在攤位前向路過的人介紹，並不斷調換拿在手中的小娃娃，向路人說
「她是個急性子的姑娘」或「她不喜歡吃紅豆餅」之類的話語。

　　沒想到這招還真靈，許多人都來觀看，就這樣，他把娃娃擬人
化，不知不覺中，他就做成了一筆生意。不久之後，便有一些買主寫

職場神隊友

與其等貴人，不如自己當貴人

信給羅伯斯，訴說他們的「孩子」，也就是那些娃娃被買回去的問題。就在這一瞬間，一個驚人的構想突然湧進羅伯斯的腦海。他忽然想到，他要創造的根本不是玩具娃娃，而是有性格、有靈魂的「小孩」。

為了完成這一構想，他開始給每個娃娃取名字，還寫了出生證書，並堅持要求「未來的養父母們」都要做一個收養宣誓，誓詞是：「我鄭重宣誓，將做一個最通情達理的父母，供給孩子所需的一切，用心管理，以我絕大部分的感情來愛護和養育他，培養教育他成長，我將成為這位娃娃唯一的養父母。」

他開始為此做海報，大力宣傳，海報貼出後，立即引起了人們的興趣，而且許多公司都紛紛來訂貨。

許多人認為：羅伯斯這樣做使玩具娃娃不僅有玩具的功能，而且凝聚了人類的感情，將精神與實體巧妙結合在一起，真可謂是一大創舉。為了更形象的說明問題，羅伯斯把家鄉的一個診所改造成一家大百貨商場，裡面的售貨員也都穿著醫生和護士的服裝，他的許多「小孩」就在這家「兒童醫院」誕生。

在這家「兒童醫院」裡，「未來的父母們」可以親眼看到頸上掛著聽診器、臉上戴著口罩、身著白色長袍的「醫生」從搖籃裡抱起他們的「新生嬰兒」，然後拍拍它的屁股，表演得跟真的一樣。他們簡直被這裡的一切吸引住了。

當這些「未來的父母們」去「收養室」宣誓和去收款處付款的途中，他們會經過「兒童醫院」的手術室和保育室，可以透過窗戶看到裡面的「新生嬰兒」。這一切是那麼形象和逼真，以至很多「未來父母們」都大為感動。

第六章 現在還來得及改變
插上想像力的翅膀

後來，數以萬計的顧客被羅伯斯這些異想天開的構想迷得神魂顛倒，他的「小孩」和「註冊登記」的總銷售額，一下子劇增到二十億美元。羅伯斯獲得了成功，他的事業遠遠超越了同行，這應歸功於他那超乎尋常的想像力。

線上點評

羅伯斯的一個靈感創造了價值二十億美元的財富，可見想像力的重要性。如果你在職場中覺得改變自己人生的腳步實在太緩慢，不妨讓你的想像力插上一雙翅膀。

想要盡快了解想像力的重要性，就要先了解想像力的兩種作用形式。想像力有兩種作用的形式，一種被稱為「合成想像力」，另一種是「創造性的想像力」。

合成想像力：藉助想像力，人可以重組舊觀念、思考或者計畫，成為新的組合。這種能力沒有創造任何事物，只是與經驗、教育、觀察等素材混合運用。這種能力，發明家最常用。但只有「天才」例外，天才在合成想像力無法解決問題的時候，會訴諸創造性的想像力。

創造性的想像力：就是藉由創造性想像力，使人類有限的心靈可以直接和無限的智慧溝通。創造性的想像力也是「靈感」和「預感」的接受能力。藉著創造性的想像力，所有新點

子和基本論點都傳遞給了人類。經由這種能力，一個人可以「調整頻道」，和另一些人的潛意識心靈相通。

創造性的想像力會自行運轉，只有在自覺心靈意識高速運轉的時候，創造性的想像力才會運作，例如人類在心靈受到了強烈渴望的情

職場神隊友
與其等貴人，不如自己當貴人

感刺激時。人類在運用創造性想像力時，會發展出與使用程度成正比的敏銳度。偉大的商業家、工業家、財務專家，以及偉大的詩人、作家、音樂家、藝術家之所以偉大，正因他們運用了創造性想像力。

專家提醒

你的想像力可能年久失修，但一經使用，又可以恢復活力，變得敏銳。這種能力雖然棄置不用會變得沉寂，但卻不會無疾而終。

從現在開始，把你的注意力集中在合成想像力的發展上，因為這種想像力是在你化渴望為金錢的過程裡經常用到的一種能力。將無形的衝動與渴望轉化為有形的實質金錢，需要運用計畫。這些計畫必須憑藉想像力，而且主要是合成想像力，才能成型。

依你自己的需要執行計畫，如果還來不及執行計畫，就把計畫先寫下來。做完這一步，你已經確切地賦予無形渴望以具體的形象了。大聲朗誦出來，慢慢地念，同時要記得，在你把渴望宣言和執行計畫寫下來的那一刻，你已經真正跨出了成功的第一步了，這樣，你就可以化思想為實質的對應事物了。

第六章 現在還來得及改變
插上想像力的翅膀

國家圖書館出版品預行編目（CIP）資料

職場神隊友：與其等貴人，不如自己當貴人 / 蔡賢隆, 金躍軍, 高洪敏著.
-- 第一版. -- 臺北市：崧燁文化，2020.07
　　面；　公分
POD 版

ISBN 978-986-516-265-8(平裝)

1. 職場成功法

494.35　　　　　　　　　　　　　　　109008880

書　　名：職場神隊友：與其等貴人，不如自己當貴人
作　　者：蔡賢隆、金躍軍、高洪敏　著
發 行 人：黃振庭
出 版 者：崧燁文化事業有限公司
發 行 者：崧燁文化事業有限公司
E - m a i l：sonbookservice@gmail.com
粉 絲 頁：　　　　　網址：
地　　址：台北市中正區重慶南路一段六十一號八樓 815 室
8F.-815, No.61, Sec. 1, Chongqing S. Rd., Zhongzheng
Dist., Taipei City 100, Taiwan (R.O.C.)
電　　話：(02)2370-3310 傳　真：(02) 2388-1990
總 經 銷：紅螞蟻圖書有限公司
地　　址: 台北市內湖區舊宗路二段 121 巷 19 號
電　　話:02-2795-3656 傳真:02-2795-4100　　網址：
印　　刷：京峯彩色印刷有限公司（京峰數位）
　　本書版權為源知文化出版社所有授權崧博出版事業有限公司獨家發行電子書及
　　繁體書繁體字版。若有其他相關權利及授權需求請與本公司聯繫。。
定　　價：250 元
發行日期：2020 年 07 月第一版
◎ 本書以 POD 印製發行